ÉNUMÉRATION DES PLANTES

QUI CROISSENT DANS

LE BEAUJOLAIS

PRÉCÉDÉE D'UNE NOTICE SUR

B. VAIVOLET

ET LES ANCIENS BOTANISTES DE CETTE RÉGION

PAR LE

D' Ant. MAGNIN

BALE — LYON — GENÈVE

H. GEORG, LIBRAIRE-ÉDITEUR

65, rue de la République.

1887

ÉNUMÉRATION

DES PLANTES

DU BEAUJOLAIS

B. VAIVOLET

ET LES PREMIERS EXPLORATEURS

DE LA

FLORE DU BEAUJOLAIS

———

Le massif montagneux qui s'étend entre la vallée de la Loire et celle du Rhône et de la Saône, de la dépression du Charolais au nord, à la vallée du Gier au sud, possède une végétation fort intéressante, surtout eu égard à l'altitude relativement faible de ses sommets les plus élevés, qui dépassent à peine 1,000 mètres, au mont Boucivre et au Saint-Rigaud (1) ; la partie méridionale, limitée au nord par les parties inférieures des vallées de l'Azergue et de la Brévenne (d'Anse à l'Arbresle), et par la Turdine et le Rhins, constitue les *monts du Lyonnais*. Les chaînes plus septentrionales, des Mollières et de Thizy, celles qui s'étendent d'Oingt au Tourvéon, de la Roche-d'Ajoux au Saint-Rigaud et à Avenas, ont reçu la dénomination de *monts du Beaujolais*.

Bien que la végétation de ces deux parties du massif présente dans son ensemble une analogie remarquable qui s'explique par la disposition et l'orientation à peu près semblables des chaînes, ainsi que par la nature ordinairement siliceuse des terrains (2), cependant la flore des monts du Beaujolais se distingue par la présence de plusieurs plantes qui ne se retrouvent pas dans les chaînes plus méridionales ; on doit rechercher les causes de cette richesse moins dans l'altitude un peu plus élevée à laquelle par-

———

(1) Exactement 1004ᵐ au Boucivre, 1012ᵐ au Saint-Rigaud.
(2) Voy. un résumé de la constitution géologique du Beaujolais dans notre *Mémoire* sur la végétation de la région lyonnaise, *Ann. Soc. bot. de Lyon*, t. VIII, p. 291 à 293, 299 à 305, ou tirage à part, p. 35 et suivantes. Nous indiquerons plus bas la nature du sol des principales localités du Beaujolais.

1

viennent quelques-uns des sommets beaujolais, que dans leur climat rendu plus froid par la différence de latitude et la plus grande abondance des pluies (1) ; d'autre part, la plaine d'alluvions récentes de la Saône, les coteaux d'alluvions anciennes et les coteaux calcaires d'Oncin, de la Chassagne et de Cogny, qui s'étendent aux pieds des monts siliceux et constituent avec eux la *région du Beaujolais*, renferment aussi un certain nombre de plantes intéressantes, quelques-unes spéciales à la région.

Or, malgré la richesse de sa flore, le Beaujolais a été pendant longtemps la partie la plus rarement visitée par les botanistes ; son éloignement de Lyon en rendait, il est vrai, l'exploration difficile pour les naturalistes habitant ce centre scientifique ; il ne faut donc pas s'étonner si, à l'exception de quelques indications contenues dans le *Chloris lugdunensis* de LA TOURRETTE (2), les localités du Beaujolais font complètement défaut dans toutes les anciennes Flores lyonnaises, depuis celles de GILIBERT (3), de BALBIS (4), jusqu'aux premières éditions de l'*Étude des fleurs* de CHIRAT et CARIOT (5) ; les éditions récentes de ce dernier ouvrage (6), ainsi que le *Catalogue* du Dr SAINT-LAGER (7), donnent seuls des renseignements sur la Flore du Beaujolais, renseignements dus pour la plupart aux recherches de DUMARCHÉ, de Pont-de-Vaux, AUNIER, de Lyon, M. FRAY, longtemps professeur à Thoissey, M. LACROIX, de Mâcon, M. MÉHU, de Villefranche; GANDOGER, d'Arnas, et de quelques autres botanistes lyonnais et autunnois (8).

La région avait cependant produit des explorateurs locaux,

---

(1) Tandis que la quantité de pluie tombée annuellement n'atteint pas en moyenne 700 millimètres dans les monts du Lyonnais, à Sainte-Foy-l'Argentière (672), Duerne (657), l'Arbresle (692), on voit cette même quantité de pluie s'élever au chiffre de 738 à Saint-Laurent-d'Oingt, 805 à Tarare, 900 à Saint-Nizier-d'Azergue et 1,042 à Monsols ; voy. notre mémoire cité plus haut, dans *Ann. Soc. bot. de Lyon*, t. XII, p. 282, et tir. à part, p. 508.

(2) *Chloris lugdunensis*, par Ant. Claret de la Tourrette. Vienne, 1785.

(3) *Histoire des plantes d'Europe*, 1re édit., 1798 ; 2e édit., 1806.

(4) *Flore lyonnaise*, 1827, et supplément 1835.

(5) *Etude des fleurs*, par Chirat, 1re édit., 1841 ; 2e édit., 1854 ; 3e édit., 1860, ces deux dernières et les suivantes complètement transformées par Cariot.

(6) Principalement la 6e édition, parue en 1879.

(7) *Catalogue des plantes vasculaires de la flore du bassin du Rhône*, par le Dr Saint-Lager, 1883. (*Ann. de la Soc. bot. de Lyon*, 1872-1883).

(8) Carion, Grogniot, le Dr Gillot, d'Autun ; Boullu, Sargnon, Saint-Lager, Magnin, de Lyon ; Bourdin, Seytre, Chanrion, professeurs à Alix, etc.

Brisson, de Saint-Victor, Coupier de Viry, Vaivolet (1) ; mais leurs recherches ont passé inaperçues ou sont restées inédites ; c'est leur rendre une justice tardive que de les rappeler ici.

Brisson (2) est l'auteur de *Mémoires historiques et économiques sur le Beaujolais*, publiés à Avignon en 1770, qui renferment une *Liste des plantes indigènes en Beaujolais* ; cette liste ne contient du reste que 90 espèces, dont un très grand nombre ont été indiquées à l'auteur, d'après son propre aveu, par M. de Thizy.

De Saint-Victor (3) a fourni à La Tourrette de nombreux renseignements sur la flore des environs de Ronno et de la partie occidentale des chaînes des Moussières et de Thizy ; La Tourrette le cite avec éloges : « *utraque species detecta fuit in stagnis bellojocensibus ab amico nostro* D° de Saint-Victor, *botanophyllo perspicassissimo* (4) ». Nous avons trouvé dans l'herbier de La Tourrette de nombreuses plantes qui lui avaient été envoyées par de Saint-Victor, notamment des Lichens que nous avons étudiés dans un travail spécial (5).

Stanislas Coupier de Viry (6), qui avait une passion pronon-

---

(1) On pourrait y ajouter Martini (ou Martiny), médecin de Lyon, « aimant beaucoup la botanique », qui allait souvent à Villefranche, son pays natal, et en rapportait de nombreuses plantes rares à notre illustre Goiffon (1690-1730). Martini est né, à Villefranche, en 1673 ; il était fils et petit-fils de médecins renommés ; il a publié plusieurs mémoires dans le Journal de Trévoux, mais n'a laissé aucun écrit botanique ; il est mort en 1750. Voy. Gilibert (*Hist. pl. Eur.*, 1806, t. II, p. xxv et suiv.) ; Delandine, *Manuscrit des Bibliothèques de Lyon*, t. III, p. 305 et 312 : indication de son éloge par Pernetti et Christin dans les manuscrits de l'Académie.

(2) Brisson (Antoine-François), né à Paris le 25 octobre 1728, mort en..... a été inspecteur du commerce et des manufactures de la généralité de Lyon.

(3) Jean-Mathieu de Varennes-Bissuel de Saint-Victor est né en 1738 et a été mitraillé à Lyon le 14 décembre 1793 ; après avoir servi dans l'armée en qualité d'officier des dragons au régiment d'Autichamps, de Saint-Victor se fixa dans ses terres, d'abord près de Charlieu puis, à la mort de son père, à Ronno, et s'adonna avec ardeur à l'étude des sciences, principalement à celle de la botanique ; c'est lui qui donna à Brisson la plupart des renseignements sur la flore contenus dans son ouvrage, ainsi que celui-ci le reconnaît : « une très grande partie de ces plantes, les moins connues et les plus difficiles à classer, m'ont été indiquées par M. de Thizy. »
Ce Thizy est bien le même personnage que Saint-Victor ; les Varennes-Bissuel étaient, en effet, seigneurs de Saint-Victor, Thizy, Ronno, Pierrefitte, etc., et les noms de Saint-Victor et de Thizy étaient alternativement portés par les aînés et les cadets de la famille (Renseignements donnés par M. Ch. de Saint-Victor, le petit fils du botaniste.)

(4) *Chloris lugdunensis*, p. 37.

(5) Magnin. *Étude sur Claret de la Tourrette*. Lyon, 1885, p. 15, 16, 70, 74, 115, 130, 142, 143, 154.

(6) Mort à Claveyzolles, le 28 juillet 1806, à l'âge de 33 ans.

cée pour la botanique (1), a communiqué à Gilibert de nombreuses observations sur la flore de la vallée de l'Azergue et les environs de Claveyzolles ; Gilibert le cite comme « botaniste très éclairé » en plusieurs endroits de son *Histoire des plantes* (2) ; il était aussi en relations avec Vaivolet, comme on le verra plus loin.

VAIVOLET enfin, qui peut être considéré comme le premier auteur d'une véritable *Flore du Beaujolais*, restée manuscrite ; ce sont les travaux et la vie de ce botaniste qui font l'objet principal de ce mémoire.

§ 1. Vaivolet, sa vie et ses explorations botaniques.

I. J'ai été amené à m'occuper de Vaivolet dans les circonstances suivantes : feuilletant un jour l'exemplaire du *Chloris lugdunensis* de La Tourrette conservé dans le fonds légué par Aunier à la Bibliothèque de Lyon, je remarquai qu'un grand nombre d'espèces étaient suivies des annotations manuscrites « *Bell.* », quelques-unes de noms de localités, « *Torvéon, Ajou, Crêt-David*, etc. », et même d'intercalations d'espèces nouvelles très intéressantes, comme *Campanula hederacea, Athamanta Libanotis* ; à la page v de la préface, je lisais aussi ajoutés au texte de La Tourrette, à propos des montagnes du Beaujolais, les mots « *Torvéon, Ajou, rupes Ajou.* » J'avais affaire évidemment à une sorte de florule du Beaujolais, — *Bell.* étant l'abréviation de *Bellijocum*, — dont il restait à trouver l'auteur. Or, le volume contenant cet exemplaire annoté du *Chloris* porte sur la garde, en face du faux titre, l'inscription manuscrite :

> « *Ex libris botanicis*
> *Vaivolet bellojocensis,* »

de même écriture que les notes manuscrites et prouvant d'une manière certaine que le possesseur de l'ouvrage, Vaivolet, était aussi l'auteur des annotations.

L'exemplaire du *Chloris* est relié à la fin du volume avec les opuscules suivants :

WEISS, Plantæ cryptogamicæ floræ Gotingensis. MDCCLXX.

WEBER, Spicilegium floræ Gœtingensis, 1778 ;

---

(1) Voy. *Ann. de la Soc. d'Agric. de Lyon*, t. I, 1806, C. R. p. 51.
(2) *Hist. des plantes d'Europe*, 2ᵉ édit., 1806, t. I, p. 184, 359.

Œder, Enumeratio plantarum floræ danicæ, mdcclxx ; les deux premiers ayant sur la première page l'inscription manuscrite « *Chaix pchus. Baux* » et le timbre d'Aunier ; le troisième : « *D. Villars me donavit Chaix pchus. Baux* » ; enfin le *Chloris* porte sur la première page :

> « *A D⁰ Villars donum accepi Chaix pchus*
> *Baux ad Vapincum* » (1)

Ces suscriptions prouvent que les opuscules en question ont été donnés par Villars à Chaix, curé de Baux, près Gap, qu'ils sont arrivés ensuite dans la possession de Vaivolet, puis d'Aunier, ce dernier les ayant légués à son tour à la ville de Lyon.

De plus, une note que nous avons remarquée au bas de la page 28 du *Chloris*, et dans laquelle nous avons reconnu l'écriture de La Tourrette, nous fait croire que cet exemplaire est un envoi de l'auteur à Villars.

Enfin si l'on prend garde que les annotations manuscrites de Vaivolet se prolongent quelquefois sur la tranche colorée en rouge du volume, on en conclut que ce volume était déjà relié ainsi à l'époque où Vaivolet les écrivait.

La date de ces annotations nous paraît, du reste, certainement antérieure à 1805, peut-être même à la Révolution ; en effet, à la page 32, nous trouvons l'*Acrostichum ilvense*, suivi simplement de la note « *Bell* ». Or, en 1805, Vaivolet soumettait à la Société d'agriculture de Lyon un mémoire, sur lequel nous reviendrons plus loin, et dans lequel il démontrait que l'*Acrostichum ilvense* indiqué dans le *Chloris* devait être regardé comme le *Polystichum Thelipteris, junius* (2); Vaivolet aurait fait assurément cette rectification si les annotations de l'exemplaire du *Chloris* eussent été contemporaines ou postérieures. Ce qui nous fait croire qu'elles sont antérieures à la Révolution, c'est qu'on n'y trouve mentionnées, à l'exception de Tournon, que des localités appartenant au Beaujolais ; on n'y lit aucune station du Dauphiné, indications qui abondent au contraire dans les notes manuscrites dont Vaivolet a chargé un exemplaire de l'*Histoire des plantes d'Europe* de Gilibert, en 1805 et 1810, à la suite de ses excursions dans les Alpes du Dauphiné, qui

---

(1) *Pc̄hus* est l'abréviation de *parochus*.
(2) Voy. *Ann. Soc. d'Agricult. de Lyon*, 1806, t. I, p 63.

ont eu lieu peu de temps avant et principalement après la Révolution.

Ces annotations du *Chloris* concernent plus de quatre cents
espèces ; quelques-unes se rapportent à des plantes signalées
pour la première fois dans la région et que Vaivolet avait été
obligé d'ajouter au texte imprimé de La Tourrette ; telles
sont :

Campanula patula.

C. hederacea.

Ribes petræum.

Ranunculus aconitifolius.

Dentaria pinnata.

Corydalis cava.

Orchis sambucinus.

Œnanthe Pollichii.

  (= peucedanifolia).

Etc.

D'autres espèces, bien que figurant déjà dans le *Chloris*, sont
indiquées pour la première fois par Vaivolet dans les monts du
Lyonnais et du Beaujolais, comme *Athamanta Libanotis*,
Doronicum Pardalianches, etc.

Enfin, parmi les plantes intéressantes dont la première mention
dans la région beaujolaise revient encore à Vaivolet, nous
citerons, outre les espèces précédentes :

Ribes alpinum, Lonicera nigra (indiqué par erreur sous le
nom de L. alpigena), *Tordylium maximum, *T. nodosum,
*Bunium bulbocastanum, *Selinum Carvifolia, Peucedanum
gallicum, *Phellandrium aquaticum, *Cicuta virosa, Drosera
rotundifolia, *D. longifolia, Narcissus poeticus, Convallaria
bifolia, Epilobium palustre, Vaccinium Myrtillus, Butomus
umbellatus, Pirola rotundifolia, Chrysosplenium alternifolium,
Stellaria nemorum, *Umbilicus pendulinus, Sedum villosum,
*Asarum europæum, Sorbus Aucuparia, *Comarum palustre,
Aconitum lycoctonum, Anemone ranunculoides, *Ranunculus
hederaceus, Teucrium scordium, Digitalis lutea, Dentaria digitata, Cardamine impatiens, *C. amara, Fumaria bulbosa,
F. Halleri, Ulex europæus, Orobus tuberosus (appelé par erreur
O. vernus), O. niger, *Lathyrus silvestris (appelé heterophyllus),
*Trifolium aureum, Sonchus Plumieri, Gnaphalium diœcum,
Gn. silvaticum, Senecio sarracenicus, *Inula montana, Centaurea
nigra, *Mercurialis perennis, *Hydrocharis morsus-ranæ,
plusieurs Ophrys et Epipactis, etc., etc.

Notons que plusieurs de ces espèces, celles marquées d'un
astérisque *, ne sont pas encore indiquées comme beaujolaises,
même dans la dernière édition de la flore de Cariot.

II. Vaivolet nous est connu par diverses citations dans les ouvrages de Gilibert et de Balbis, par l'analyse d'un mémoire présenté en 1805 à la Société d'agriculture de Lyon, enfin par une notice due à Aunier.

1° On lit dans Gilibert *(Hist. des pl. d'Europe*, 1re édit., 1798, t. II, p. 93), à propos du *Ceterach Marantæ* : « trouvé près de Tournon, par le citoyen Vevolet *(sic)*, botaniste très exercé et assez passionné dans l'âge du repos pour exécuter de très grands voyages. Il a parcouru, cette année, les grandes chaînes des Alpes delphinales et une partie du Vivarais. (1) »

Cette note est reproduite sans changement, avec les mêmes mots « *cette année* », dans la deuxième édition de l'*Histoire des plantes* publiée en 1806, t. III, p. 194 (2) ; il est évident qu'il s'agit encore ici de 1797.

Dans cette même deuxième édition, on lit :

T. I, p. xxj : « Nous devons plusieurs plantes rares du Beaujolais à MM. Veivolet *(sic)* et Coupier ; »

T. I, p. 211 : « *Campanula hederacea* L. trouvée par M. Vaivolet dans les bois de Montpinet et dans la forêt de Carelle, à deux lieues de Beaujeu ; »

T. I, p. 300 : « *Athamanta Libanotis*, trouvé au Crêt-David, à deux lieues de Beaujeu, par notre savant ami Vaivolet ; »

T. II, p. 55 : « Notre ami Vaivolet a trouvé le *Ranunculus aconitifolius* dans les fossés des prairies de Chassetable (*sic* pour Chênelette!) et le long de l'Ardière entre St-Ennemond et La Pierre en Beaujolais. »

Des nombreuses notes que Vaivolet avait transmises, en 1805, à Gilibert, comme on le verra plus loin, ce sont les seules qui aient été utilisées par l'auteur de l'*Histoire des plantes*.

2° Dans le premier volume des *Annales de la Société d'agriculture de Lyon* (1806, t. I, p. 56), on trouve indiqué l'envoi d'un « *Mémoire latin* de M. Vaivolet, propriétaire en Beaujolais, sur les *Erreurs de synonymie en botanique*. »

Nous extrayons du rapport que Sionest et Mouton-Fontenille

---

(1) L'indication du *Ceterach Marantæ* près de Tournon se trouve déjà dans les annotations manuscrites de Vaivolet au *Chloris*, p. 31.

(2) Il importe par conséquent de prendre garde que dans plusieurs endroits de la 2e édition de l'*Hist. des pl. d'Europe* de Gilibert, l'expression de « cette année » s'applique à 1797 et non à 1805.

ont fait, sur ce mémoire, à la même association (id., p. 63) les renseignements qui suivent : « Les observations critiques de M. Vaivolet portent sur les quinze espèces suivantes dont la synonymie lui a paru inexacte : *Circœa lutetiana, alpina, intermedia, Œnanthe pimpinelloides, peucedanifolia, Stachys alpina, Serapias latifolia, silvestris, longifolia, ensifolia, lancifolia, rubra, lingua, cordigera ; Acrostichum ilvense* qu'il regarde comme le *Polystichum thelipteris junius...*

Il y a longtemps que les botanistes instruits pensent que les synonymes du *Flora danica* ont été confondus pour la citation des *Circœa lutetiana* et *alpina*, comme il est facile de s'en convaincre. Il paraît que la distinction d'une nouvelle espèce sous le nom d'*intermedia*, que l'on peut regarder comme une variété du *C. alpina*, revendique une partie des synonymes appliqués aux deux premières.

Le mémoire de M. Vaivolet, que MM. Sionest et Mouton-Fontenille ont vérifié mot à mot, citation par citation, les a convaincus que son travail méritait des éloges... ; on doit surtout à M. Vaivolet d'avoir découvert une erreur de citation dans une gravure de Morison (1), dont la transposition avait privé les botanistes d'une excellente figure du *Stachys alpina* L. qui avait été méconnue jusqu'à présent.

Le mémoire de M. Vaivolet, peu susceptible d'analyse, renferme des discussions critiques, qu'on pourrait proposer comme des modèles en ce genre. Le caractère de l'auteur s'y montre dans toute sa candeur ; la vérité et la modestie qui y règnent font regretter qu'il ne les ait pas étendues à un plus grand nombre de plantes... »

Le mémoire de Vaivolet n'était probablement qu'un extrait des observations les plus intéressantes interfoliées dans l'*Histoire des plantes* de Gilibert dont nous parlerons plus loin.

3° BALBIS cite Vaivolet, « le Nestor des naturalistes de la contrée », comme ayant pris une grande part avec Roffavier, Champagneux, Aunier, Cap, Timeroy, Montagne, Mme Lortet, Madiot, Valuy, à l'exécution de la *Flore lyonnaise* et à la fondation en 1822 de la Société linnéenne (2).

_____

(1) Sect. II, tab. 20, fig. 8 qui doit se rapporter à la fig. 4, sous le nom de *Stachys angustifolia, alpina*, etc.

(2) Voy. BALBIS, *Flore lyonnaise* 1827, préf., p. XII ; *Annales de la Soc. linnéenne de Lyon*, 1er vol. 1836.

On ne doit pas s'étonner si Balbis ne reproduit aucune des découvertes faites par Vaivolet dans le Beaujolais, la *Flore lyonnaise* ne devant être, d'après le programme de son auteur, que le « Catalogue général des végétaux qui croissent dans un rayon de quatre lieues environ autour de Lyon et de ceux du mont Pilat (Préf., p. xiv). » Balbis dit cependant (I, p. 390) à propos du *Doronicum austriacum* : « Cette plante avait été confondue par les auteurs lyonnais avec l'espèce précédente ; M. Vaivolet, botaniste distingué, a le premier relevé cette erreur. » Il aurait pu, avec autant de raison, citer les autres observations critiques de Vaivolet sur les *Ranunculus aconitifolius, Cardamine amara*, etc.

4° La notice d'AUNIER (1) nous donne sur la vie et les recherches de Vaivolet des renseignements que nous résumons ainsi :

Benoît VAIVOLET habitait Saint-Lager en Beaujolais (2) ; il

----

(1) *Ann. de la Soc. linnéenne de Lyon*, 1836, t. I.

(2) Les renseignements que je dois à l'obligeance de M. Million, député du Rhône, me permettent de compléter cette notice.

Vaivolet est né en 1737, à Régnié, non loin de Saint-Lager ; il habitait, dans ce dernier village, le hameau des Nazins où il resta jusqu'à sa mort, arrivée en 1828 ; les habitants âgés se souviennent encore de lui et racontent l'anecdote suivante : quelque temps avant le 9 thermidor, Vaivolet et trois autres notables du Beaujolais furent arrêtés comme impliqués dans un complot contre la sûreté de l'Etat et dirigés vers Paris sous l'escorte d'agents de police, pour être traduits devant le tribunal révolutionnaire ; les accusés, ne conservant aucune illusion sur le sort qui les attendait, firent tous leurs efforts pour retarder leur jugement ; ils obtinrent qu'on les conduirait en voiture à Paris ; mais bientôt ils séduisent les cochers et s'arrangent pour que chaque halte fût l'occasion d'excellents repas, auxquels prenaient part leurs gardiens ; il paraît que les accidents de voyage, les réparations de voiture, les haltes sous des prétextes quelconques se multiplièrent tellement et le voyage dura si longtemps, qu'ils n'arrivèrent à Paris qu'après le 9 thermidor, pour voir leur procès abandonné et pour être enfin rendus à la liberté.

D'autre part, l'extrait suivant que je viens de recevoir de M. Monchanin, maire de Régnié, donne la date exacte de la naissance de Vaivolet :

« *Extrait des actes de l'état-civil de la commune de Régnié* (Rhône). — Le onze décembre mil sept cent trente sept, a été batisé le lendemain de sa naissance Benoist Vaivolet, fils de Sʳ Claude, notaire royal et habitant de Régnyé, et de Madaleine Féval, sa femme ; — le parrain a été Benoist Ducotté, habitant de Villyé et la marraine Madaleine du Dardier, veuve de Jean Féval, habitant de St-Lager... »

Quant aux fonctions que Vaivolet a exercées dans la magistrature du Beaujolais, nous avons trouvé d'intéressants renseignements dans l'*Histoire du Beaujolais* de La Roche-Lacarelle et dans un opuscule de M. P. de Saint-Victor, ayant pour titre : *Exil en Beaujolais de Lamoignon...* Lyon, 1883. On lira dans ce dernier ouvrage, de nombreuses pièces inédites, quelques-unes rédigées par Vaivolet, en sa qualité de syndic du bailliage de Beaujolais; les magistrats et officiers audit bailliage de Beaujolais étaient en effet, en exerça pendant longtemps les fonctions de lieutenant particulier en la sénéchaussée de Villefranche ; lorsqu'il se démit de sa charge (vers 1786?), il se retira à Saint-Lager, et quoique âgé de plus de cinquante ans, se livra avec ardeur à l'exploration botanique du Beaujolais ; il y découvrit en particulier les *Campanula hederacea, Athamanta Libanotis, Sonchus Plumieri* et le *Cyclamen europœum* observé une seule fois en fleur à la Roche-d'Ajoux, où il n'a pas été retrouvé.

Vaivolet étendit ses herborisations aux monts du Lyonnais et du Forez, au Vivarais, aux Alpes du Dauphiné ; il signala le premier, dans une herborisation au Pilat, le *Doronicum austriacum* comme ne devant plus être confondu avec le *D. Pardalianches* ; Aunier ajoute : « Il appartenait à notre président (c'est-à-dire à Balbis !) de nous faire connaître cette belle espèce ; » Vaivolet indiqua, aussi le premier, le *Notochlœna Marantœ*, dans les environs de Tournon, au rocher du Pied-de-Bœuf, près du Pont-de-César.

Il visita les Alpes du Dauphiné et particulièrement les montagnes d'Allevard et de la Grande-Chartreuse avec une réunion d'amis qui avaient choisi Vaivolet pour chef; dans cette première excursion, Vaivolet ne put rencontrer Villars.

Survint la Révolution. Vaivolet est appelé de nouveau à un emploi public, puis emprisonné, conduit à Paris et rendu à la liberté le 9 thermidor.

Vaivolet reprend ses explorations avec une nouvelle ardeur ; il explore de nouveau le Dauphiné avec ses amis Monnier et Dumarché, avec Villars et ses élèves ; c'est dans cette excursion qu'ils trouvent le *Ranunculus parnassifolius*, à Piémeyan où il avait déjà été indiqué par Bérard ; Vaivolet se lia alors d'amitié avec Villars et entretint avec lui une correspondance suivie et très intime.

1771 et 1776 : Guérin de la Collonge, *lieutenant-général* ; Roland de la Platiere ; Cusin ; Clerjon; d'Essertine, avocat du roi et Vaivolet, *syndic*. Vaivolet joua un rôle important dans les démarches nécessitées par la suppression et le rétablissement du tribunal ; il était de plus lieutenant particulier en la sénéchaussée.

Je n'ai pas pu trouver quelles relations il y avait entre Vaivolet et un hameau qui porte son nom sur le territoire d'Odenas, village situé non loin de Régnié et de Saint-Lager ; les actes de l'état civil mentionnent du reste l'existence de familles de Vaivolet à Quincié, Odenas, St-Lager, Régnié. Benoît Vaivolet n'a laissé aucun descendant ; ses héritiers vivent encore dans la personne des neveux d'une dame Elisabeth Deloche, née à Charolles vers 1786 et morte à St-Lager le 24 août 1868, qui avait été la dame de compagnie de Vaivolet.

Gilibert cite plusieurs fois dans son *Histoire des plantes d'Europe* les stations de plantes qui lui ont été signalées par Vaivolet. « La bibliothèque de Lyon possède, dit encore Aunier, un exemplaire de ce dernier ouvrage sur lequel le botaniste du Beaujolais a soigneusement indiqué la station des plantes de cette province pour en faire hommage à M. Gilibert. Cet ouvrage peut être considéré comme une Flore du Beaujolais. »

Vaivolet est mort (à Saint-Lager?) le 26 décembre 1828, à l'âge de 92 ans (1).

III. Nous en étions là de nos recherches sur Vaivolet, quand le Dr Saint-Lager put mettre enfin la main sur l'exemplaire de l'*Histoire des plantes* de Gilibert annoté par Vaivolet, dont Aunier signalait l'existence, et s'empressa de nous le communiquer. Il avait été relégué comme inutile dans un grenier du Palais-des-Arts, où sont déposés les *duplicata*.

Cet exemplaire est extrêmement remarquable et de la plus grande importance pour l'histoire de la botanique dans notre région ; c'est une véritable Flore du Beaujolais, écrite dans les premières années de ce siècle, contenant l'énumération de toutes les plantes observées par Vaivolet, l'indication précise des stations, de nombreuses localités pour toutes les espèces un peu rares et enfin des observations critiques sur un grand nombre de plantes.

Ces notes sont écrites sur des pages blanches intercalées dans le premier volume de la première édition de l'*Histoire des plantes d'Europe* de Gilibert (1798), lequel a été, à cause de l'augmentation du volume, relié en deux tomes; on sait que ce premier volume renferme les plantes de la région lyonnaise, tandis que le second est consacré aux plantes de la Lithuanie, aux espèces exotiques, etc.

---

(1) Voici au surplus l'acte de décès de Vaivolet, dont je dois la communication à l'obligeance de M. Million :

« L'an mil huit cent vingt-huit, le vingt-six décembre, à deux heures du soir, par devant nous soussigné Charles-Aimé-Ovide-Denis de Cuzieu, lieutenant-colonel de cavalerie, chevalier des ordres royaux et militaires, maire et officier de la commune de Saint-Lager (Rhône), a comparu Joseph Dessalle, rentier, demeurant au Nazin, commune de Saint-Lager, âgé de vingt-quatre ans environ, lequel nous a déclaré que M. Benoit Vaivolet, propriétaire demeurant au dit Saint-Lager, né à Regnié, est décédé ce matin à onze heures en son domicile, à l'âge de quatre-vingt-douze ans. La déclaration a été faite, etc. »

12   B. VAIVOLET.

Cet exemplaire, ainsi interfolié, relié et annoté, a été communiqué à Gilibert, comme le dit Aunier, et ainsi que le confirme l'envoi ci-dessous écrit par Vaivolet sur un feuillet placé en face de la page première :

« *Amicissime Gilibert,*
Optatas Pagi Bellijocensis plantarum
stationes, patrio idiomate, et notulas quasdam
Botanicas, Lineano sermone Latinè accipias
Benevolè. Optimè valeas, sicut ego valeo.
                        Vaivolet.
E sancto Leodegario. 29 7bri 1805. Dein 1810. »

Ces deux dates, 1805 et 1810, prouvent, — et des différences d'écriture le montrent aussi, — que ces annotations ont été faites à deux reprises différentes et que leur rédaction est certainement postérieure à celle des notes du *Chloris* ; elles nous ont fourni de nombreux renseignements, complétant ceux contenus dans la notice d'Aunier, d'abord sur les herborisations de Vaivolet ; nous le voyons en effet citer fréquemment : le Pilat, les environs immédiats de Lyon, les coteaux et les bords du Rhône, Condrieu, St-Vallier, Tournon, Tain et les environs de ces deux villes, les Alpes du Dauphiné, surtout le Mont-de-Lans, la Grande-Chartreuse, la Moucherolle, Taillefer, le mont Touleau, etc. On y lit aussi que les botanistes qui accompagnaient Vaivolet dans ses herborisations en Dauphiné, au Mont-de-Lans, étaient Guérin, Dumarché, Monnier, Villart (1), Ducassel et Bravai (2) et qu'ils y récoltèrent : *Ranunculus pyrenæus, R. parnassifolius, R. Thora, R. rutæfolius, R. glacialis, R. Segueri, R. alpestris, Dracocephalum Ruyschianum,* etc.

Le *Sonchus Plumieri* a été trouvé pour la première fois à la Roche d'Ajoux, par Vaivolet, en compagnie de MM. de la Croix d'Azolette, Circaud, Reissier père, maire de Belleville, et déterminé par Vaivolet ; plus tard rencontré de nouveau par

---

(1) On sait que l'orthographe de Villars a varié avec le temps ; les formes les plus communes sont d'abord *Villar,* puis *Villars* : cette dernière a prévalu ; voy. sur cette question, notre *Cl. de la Tourrette,* p. 20 (note) ; nous avons trouvé un autre exemple de *Villart* dans une note manuscrite adressée par Sionest au botaniste grenoblois.

(2) Je reviendrai sur la plupart de ces personnages dans une *Histoire des botanistes lyonnais* en préparation.

MM. Reissier père et fils et Foudras dans un pré très élevé des Ardillats.

Ces annotations nous permettent de rectifier quelques assertions de la notice d'Aunier : d'abord, on y lit à tort que Gilibert cite *plusieurs fois* les observations de Vaivolet ; la vérité est que Gilibert n'a utilisé qu'un nombre insignifiant des nombreuses notes qui lui avaient été transmises; d'autre part, bien qu'Aunier compare ces notes à une Flore du Beaujolais, il se borne à dire que Vaivolet y a soigneusement indiqué *la station* des plantes de cette province ; or, nous avons déjà dit, et la reproduction que nous en ferons convaincra le lecteur, que ces notes contiennent souvent de véritables descriptions ou des observations critiques, ainsi que l'indication de nombreuses localités.

Les expressions enthousiastes dont Vaivolet se sert, en consignant même brièvement le résultat de ses herborisations, prouvent que, si la passion de la botanique lui est survenue tardivement, elle n'en a pas été moins vive ; lisez ce qu'il dit à propos des *Adonis :* « Je n'ai point eu *le bonheur* de rencontrer en Beaujolais ces trois *Adonis* qui ne manquent pas d'y être ; » et à propos de ses récoltes dans les Alpes : « Mon tribut d'admiration aux *Ranunculus pyrenæus, parnassifolius. .*, dont la cueillette vint grossir toutes nos collections ; » — « *Papaver alpinum*, plante si belle à la Moucherolle et aux Alpes ! — *Potentilla nitida*, cueilli par moi, en abondance, *avec danger*, au Petit-Som de la Grande-Chartreuse ; » etc.

La boutade suivante sur ses jeunes compagnons d'excursion et sur Villars nous paraît bien peindre le caractère de notre botaniste, chez qui les forces trahissaient l'ardeur : « Sur 115 « saules offerts aujourd'hui à la science, j'ai rencontré au Mont-« de-Lians *(sic)*, en montant à Prameyan, ou pic Meian, plu-« sieurs espèces non comprises dans celles déterminées ci-dessus; « mais obligé de suivre des confrères à jambes de cerf et jeunes, « je n'eus pas le temps de cueillir et de déterminer. Nul endroit « ne m'a paru plus riche. Villart se contentait de leur donner « en passant le baptême, mais point de discussion. »

Les annotations de Vaivolet à l'*Histoire des plantes* de Gilibert montre quelle étude minutieuse il faisait des caractères des espèces, avec quel soin il vérifiait les citations et les descriptions des botanistes, qu'il n'acceptait jamais sans un sévère contrôle ; on en aura une idée en consultant les notes qui concernent les *Holosteum umbellatum, Peucedanum gallicum, Stachys alpina,* les espèces du genre *Scrophularia,* les *Dentaria pinnata* et *digitata, Doronicum Pardalianches, Phallus impudicus, Circœa lutetiana, alpina* et *intermedia, Plantago alpina, Ranunculus platanifolius* et *aconitifolius,* etc. Nous les reproduisons pour la plupart en entier dans la deuxième partie de ce travail.

Cependant je dois reconnaître que certains genres nombreux, comme les *Carex* et la plupart des Cryptogames, n'ont pas excité la sagacité de Vaivolet ; à ce point de vue il est bien inférieur à La Tourrette ; ainsi, à propos des *Carex,* il écrit : « Toutes les espèces sont bien rapprochées, semblables, à feuilles « dures...; elles pourraient vraiment se réduire à une famille « de huit à dix espèces bien distinctes. Pourquoi compter jusqu'à un poil dans un genre si misérable ? c'est bien la manie « de multiplier les espèces sans nécessité. » Pour que Vaivolet ait pu porter un jugement pareil sur un genre où la plupart des espèces sont si nettement différenciées, il faut évidemment qu'il ne les ait pas étudiées avec assez de soin.

On comprend mieux, en se reportant à l'époque où observait Vaivolet, les difficultés qu'il éprouva dans l'étude des Mousses et des Lichens ; sur les premières, il s'écrie : « En parcourant Hedwig, quand j'ai vu qu'il fallait avoir les plus fortes loupes pour démêler la différence des genres et découvrir les 16, les 32, les 64 cils, j'ai renoncé à ce que je savais d'après Linné et ai tout abandonné. » Et à propos des Lichens : « J'avais parcouru le *Prodromus* d'Achar et je m'étais fait route ; quand peu de mois après j'ai vu paraître son massif *Lichenum Methodus,* où tous les genres, les espèces, les variétés, les noms et les phrases sont changés, j'ai également abandonné et ce que je savais et tout ce que j'avais à apprendre. Ces grands maîtres tuent la science. » Enfin, la lecture des ouvrages parus récemment sur les Champignons lui fit pousser des plaintes aussi amères : « J'ai eu la patience de parcourir les deux volumes du *Synopsis methodica fungorum* de Persoon. Quand j'ai vu qu'il fallait encore avoir d'excellentes loupes, d'excellents microscopes pour déterrer des infiniment petits et qu'au travers de phrases lourdes et sans fin il faudrait encore chercher *les différences,* j'ai trouvé le reste de ma vie trop court pour ce travail immense ; j'y ai renoncé. Je vous avoue que dans l'auteur de l'excellent et concis *Synopsis plantarum*, je n'ai pas reconnu l'auteur diffus, embarrassé et embarrassant du *Synopsis Fungorum*. »

L'appréciation de Vaivolet sur Persoon me semble assez juste.

Nous arrêterons là cet aperçu sur les recherches de Vaivolet ; le lecteur pourra aisément le compléter en parcourant l'énuméra-tion suivante dans laquelle nous avons reproduit toutes les notes intéressantes de l'exemplaire de l'*Histoire des plantes* (1).

Mais comme Vaivolet signale presque toutes les espèces qui croissent dans le Beaujolais, les communes aussi bien que les rares, et qu'on ne possède pas encore de *Florule* spéciale pour cette région, au lieu de nous borner à transcrire simplement ces annotations, en suivant l'ordre linnéen, nous avons cru devoir les disposer suivant l'ordre de la Flore de Cariot, les compléter par les espèces indiquées plus récemment, et établir de la sorte une *Enumération de toutes les plantes signalées jusqu'à ce jour dans le Beaujolais*.

Auparavant nous reproduisons les renseignements topogra-phiques que Vaivolet a donnés sur les localités citées dans ses notes, tels qu'il les a rédigés sur le recto de la feuille placée en face de la page première de l'*Histoire des plantes*.

« *Au-dessus du niveau de la Saône dans les plus basses eaux :*
Montagne d'Ajou, la plus élevée à deux lieues de Beaujeu ;
   nord-ouest .... 431 toises de
Ardière : rivière de Beaujeu à Belleville.   6 pieds
Azolette : commune à trois lieues de Beaujeu.
Bois de la Chaize : à deux lieues de Beaujeu et trois lieues
   de Villefranche.
Bois Montlong, à Ouroux, à deux lieues nord de Beaujeu et
   bois de Thin-sur-Ouroux, en soir.
Bourdelan : prairie et bois entre Anse et Villefranche.
Brouilli : montagne basse à Saint-Lager .... 155 toises
Cercié : commune entre Beaujeu et Belleville.
Chenelettes : commune à une lieue et demie en soir de
   Beaujeu.

---

(1) On trouve encore des annotations manuscrites de Vaivolet sur d'autres ouvrages qui lui ont appartenu et qu'il a légués soit à la Société linnéenne, soit à la Société d'agriculture; ainsi, à la bibliothèque de Lyon, on voit un exempl. du *Pinax* de G. Bauhin, sur lequel Vaivolet a inscrit les synonymes linnéens d'après les indications du t. V du Système des plantes de Mouton-Fontenille: voy. St-Lager, *Hist. des herbiers*, Lyon, 1886, p. 92, note. — L'exemplaire de l'*Historia rei herbariæ* de Sprengel renferme plusieurs rectifications, particulièrement pour les citations de Dalechamps, etc.

Corsel (*sic* pour Corcelles) : commune à une lieue de Belle-
  ville, en soir.
Crêt-David, à deux lieues de Beaujeu et trois lieues de
  Villefranche, sommet vis-à-vis le château de Varennes.
Forêt de la Carelle, deux lieues de Beaujeu, nord.
Forêt de Couroux, deux lieues de Beaujeu, en soir.
Forêt de la Faye, trois lieues de Beaujeu, en soir, entre
  Azolette et St-Germain-la-Montagne.
Forêt de Montpinet, sur la route de la Loire.
Roche d'Ajou, au nord de la forêt de Couroux. . . . .   406 toises
Regneins (pour *Reneins*) entre Belleville et Villefranche.
Rignié, à une lieue de Beaujeu, en matin.
Roche-Tachon, à un quart de lieue de Crêt-David, midi.
Saint-Lager, à une lieue de Belleville, une lieue et demie
  de Beaujeu.
Torvéon : montagne à une lieue de Beaujeu, soir. . . . .   402 toises »

Il est utile de prévenir le lecteur que la localité appelée par
Vaivolet *Montagne d'Ajou* porte habituellement, de nos jours,
le nom de *St-Rigaud ;* c'est en effet le point le plus élevé du
massif (1012 mètres).

Les sommets de Crêt-David et de Roche-Tachon ne sont pas
indiqués dans la carte de l'état-major ; voici leur emplacement :
le *Crêt-David* est à l'intersection des lignes séparatives des
communes de Quincié, Vaux et Marchampt, à la cote 732 mètres
de la feuille de l'état-major, à 800 mètres environ, à l'est du
point appelé *Télégraphe de Marchampt.* La *Roche-Tachon*
est située sur la commune de Vaux, entre les lieux dits le Bout-
du-Monde, le Rozier et le Nesmes, à la cote 785 ; ces deux cotes
paraissent du reste erronées, car, sur le terrain, le Crêt-David
paraît plus élevé que la Roche-Tachon.

Une autre localité souvent citée dans Vaivolet et non marquée
sur la carte de l'état-major est le *Saburin :* c'est la croupe de
montagne qui sépare la vallée du Cherves-sur-Quincié des
communes d'Odenas et de St-Etienne-la-Varenne ; son sommet
le plus élevé (636 et 656^m) domine le bois et le château de la
Chaize, placés sur son flanc oriental. On trouve encore dans
Vaivolet, d'autres noms de localités moins importantes ; nous
donnerons les explications nécessaires au fur et à mesure que
nous les rencontrerons (1).

---

(1) Dans l'introduction, p. xxviij, Vaivolet corrige avec raison Gilibert, en
rayant *Pramenou* indiqué comme la montagne la plus haute du Beaujolais et
en y mettant à la place *Ajou,* qui est notre St-Rigaud : Pramenoux n'a, en
effet, que 912 mètres.

Enfin, nous complétons ces indications topographiques par un tableau résumant l'orographie, la géologie et la nature du sol des principales localités citées dans l'énumération.

I. *Chaînes transversales O-E, au nord de l'Ardière :*

Grès porphyriques, porphyres quartzifères, syénites : Sols siliceux.

Roche d'Ajoux (973ᵐ) et localités voisines : bois de Couroux, Chênelette, Propières, Azolette, forêt de la Faye ;
Saint-Rigaud (1012ᵐ ═ montagne d'Ajou de Vaivolet) : bois de la Tour, Monsols ;
Forêt de la Carelle ; Ouroux, bois de Montlong, bois du Thin ;
Montagne d'Avenas (894ᵐ) ; Vauxrenard, bois de la Roche-au-Loup.

II. *Chaînes N-S, à l'ouest de l'Azergue :*

Terrains de transition, schistes carbonifériens, porphyres, etc. Sols siliceux, même dans les calcaires de transition.

Chaîne de Thizy.
Ch. des Mollières : Ronno, Saint-Apollinard, Pramenoux (912ᵐ).

III. *Chaînes N-S, à l'est de l'Azergue :*

A. Porphyres quartzifères, schistes carbonifériens, porphyres granitoïdes. — Sols siliceux.

Torvéon (ou Tourvéon, 933ᵐ) ; Sobrant (ou Sobérant, 898ᵐ) ; Arguel (890ᵐ) ; Chatoux (872ᵐ) ; Saint-Cyr-de-Chatoux, etc.
Crêt-David, Roche-Tachon, Saburin (656ᵐ) ; Mont-Brouilly (485ᵐ) ; Sévelette, Saint-Bonnet-sur-Montmelas (680ᵐ).
Coteaux de Chiroubles, Quincié, Odenas, Vaux, etc.

B. Calcaires triasiques et jurassiques. — Sols calcaires, mixtes et silicéo-calcaires.

Plateau d'Oncin : Saint-Germain, Bully, Oncin ;
Collines d'Oingt (651ᵐ), de Theizé, de Cogny à Blacé ;
Collines de la Chassagne : Saint-Jean-des-Vignes, Alix, Pommiers, Limas, mont Buisanthe (357ᵐ), bois de Châlier.

IV. *Coteaux d'alluvions anciennes et plaine d'alluvions récentes de la Saône :* — Sols calcaires et mixtes.

Corcelles, Pizay, Saint-Ennemond, la Terrière, la Pierre ; Cercié, Bryante, Saint-Georges-de-Reneins, Arnas ; Gleizé, Liergues ;
Dracé, Saint-Jean-d'Ardières, Belleville, Villefranche, Bourdelans, etc.

2

II. Énumération des plantes croissant dans le Beaujolais.

[Explication des abréviations :

BRIS. = BRISSON, Liste des plantes du Beaujolais dans *Mém. histor. et économiques sur le Beaujolais*, Avignon, 1770, p. 154-181 ;

VAIV. I. = Notes manuscrites de VAIVOLET dans l'exemplaire du *Chloris lugdunensis*, reproduites entre guillemets ; le chiffre indique la page du *Chloris* ;

VAIV. II. = Id. dans l'exemplaire de l'*Histoire des plantes d'Europe*, de Gilibert ; les chiffres se rapportent aux pages du t. I de cet ouvrage (1re édition, 1798) ;

GROGN. = Manuscrit de GROGNIOT, contenant l'indication des *Plantes du département du Rhône, des localités de l'Isère et de l'Ain, voisines de Lyon et du mont Pilat qui ne se trouvent pas dans la flore de Balbis* (1852, 90 pages), cité par le Dr Gillot dans *Ann. de la Soc. botan. de Lyon*, 1879, t. VIII, pages 17 et 18.

SARG. = SARGNON, Récit d'une excursion botanique dans le Haut-Beaujolais, dans *Ann. Soc. bot. Lyon*, 1875, t. III, p. 104 et suiv.

S. Phil. = Guide du jeune botaniste aux environs de Villefranche, publié dans le *Bulletin de l'Union philomatique* de cette ville, 1re année, 1874, p. 7-32.

MÉHU = Note sur la florule de la prairie de Bourdelans dans *Bull. de la Soc. bot. de France*, t. XXIII, 1876, session de Lyon, pages IX à XIV.

GILL. = GILLOT, Contributions à l'étude de la Flore du Beaujolais, dans *Ann. Soc. bot. Lyon*, 1879, t. VIII, p. 1 à 30.

CAR. = CARIOT. Étude des fleurs, 6e édition, t. II, 1879.

MAGN. = MAGNIN, Observations personnelles résumées dans *Ann. de la Soc. bot. de Lyon*, 1879, t. VIII, p. 293 à 308, ou *Végétation du Lyonnais*, 1886, p. 37 à 53.

ST-L. = SAINT-LAGER, Catalogue de la Flore du bassin du Rhône, publié dans les *Ann. de la Soc. bot. de Lyon*, t. I à X, 1872-1882 ; tir. à part, Lyon, 1883.

Les espèces entre parenthèses sont douteuses ; celles entre crochets ne sont pas signalées par Vaivolet.]

RENONCULACÉES.

(Adonis æstivalis, A. autumnalis. — VAIV. II, 184 : « je n'ai point eu le bonheur de rencontrer en Beaujolais aucun de ces *Adonis* qui ne manquent pas d'y être. »)

Myosurus minimus L. — VAIV. I, 8 : « Bell. » ; II, 96 : « commun à Saint-Ennemond. » — Corcelles, GILL. 5 ; terrains de transport des coteaux et alluvions récentes de la Saône, MAGN. 45, 51 ; ST-L. 13.

Ranunculus hederaceus L. — VAIV. I, 15 : « Bell. » ; II, 183 : « Mare au sommet de Saburin, — à Saint-Ennemond. » Cariot n'indique cette Renoncule que dans le Beaujolais méridional, à Rivollet ; mais elle doit se trouver disséminée dans les mares et les fossés de toute la région montagnarde *siliceuse ;* cf. ST-L., 14.

R. aquatilis L. — VAIV. II, 183 : « dans tous nos marais. » La f. *trichophyllus*, à Bourdelans, *S. phil.* 18.

[**R. radians** Revel. — Bourdelans, MÉHU, *S. b. Lyon*, 1874, p. 3 ; *S. b. France, l. cit.*, p. XI.]

(**R. cœnosus** GUSS. — Saint-Jean-d'Ardière, CAR. 3 ; n'y a pas été retrouvé.)

R. aconitifolius L. — VAIV. I, 15 : « Bell. » ; II, 182 : « commun dans les fossés des prairies de Chênelettes, et le long de l'Ardière, entre Saint-Ennemond et Lapierre. »

Vaivolet a montré le premier que la plante des monts du Beaujolais et du Lyonnais était le *R. aconitifolius.* Le *Chloris* portait :

R. *platanifo!ius.* Beug. For. M. ┼.

β. *minor.* Lugd. M. ┼.

Vaivolet ajouta : 1º entre les deux lignes, « *aconitifolius,* Bell. » ; 2º après la var. β *minor* de La Tourrette, les mots : « *est aconitifolius ;* » il indiquait ainsi, d'une manière précise, que le véritable *R. platanifolius* se trouvait dans les monts du Bugey et du Forez ; que la plante des monts du Lyonnais ainsi que celle rencontrée par lui dans le Beaujolais était le *R. aconitifolius ;* on observe encore cette dernière espèce à Saint-Bonnet-le-Froid, CAR. 6.

D'autre part, l'*Histoire des plantes* de Gilibert ne mentionne dans la 1re édition (1798, p. 182), qu'un *R. platanifolius*, indiqué à Thurins (1), et qui est, comme on vient de le voir, le *R. aconitifolius ;* dans la 2º édition (1806, t. II, p. 55) seulement, Gilibert sépare les deux espèces et précisément d'après les observations de Vaivolet : « Notre ami Vaivolet (sic), *qui indique ces différences,* a trouvé le *R. aconitifolius* dans les fossés des prairies de Chassetable (*sic* pour Chênelette), et le long de l'Ardière, entre Saint-Ennemond

---

(1) Thurins, orthographié « Turin, à deux lieues de Lyon, » par Gilibert, est une localité des monts du Lyonnais, située au sud de Saint-Bonnet-le-Froid et d'Iseron ; Cariot n'y indique pas le *R. aconitifolius,* qui doit cependant s'y retrouver ainsi qu'en d'autres points de la chaîne.

et la Pierre. » C'est une des rares notes de Vaivolet que Gilibert ait utilisées dans son ouvrage.

La station de Chênelette aurait été constatée de nouveau par Grogniot, Gill. 17 ; cf. montagnes du Beaujolais, dans Car. 6, St-L. 17.

R. Flammula L. — Briss. 179 : « tous nos prés humides ; » — Vaiv. II, 180 : « dans toutes nos prairies humides. »

R. Lingua L. — Vaiv. II, 180 : « fossés de Bourdelan ; » cf. Car. 9, Magn. 52 ; n'est pas indiqué dans S. *Phil.* ni dans Méhu.

(R. monspeliacus L. — Vaiv. II, 181 : « terres sablonneuses de Bourdelan ; » — n'est indiqué que sur les coteaux plus méridionaux du Rhône, Car. 9 ; à rechercher, mais ne serait-ce pas plutôt le *R. chœrophyllos* L. ?)

R. repens L. — Vaiv. II, 181 ; S. *Phil.* 11. — Remplacé à Bourdelans par la f. *R. reptabundus* Jord. ; S. *phil.* 18 ; Méhu p. XIII.

R. bulbosus L. — Vaiv. II, 182 ; S. *phil.* 11.

(R. nemorosus DC. — C'est probablement cette espèce que Vaivolet a indiquée « proche le Crêt-David, II, 182 » et en général dans « Bell., I, 15 », sous le nom de *R. lanuginosus*. Ce dernier n'a encore été trouvé, pour notre région, que dans le Bugey et le Dauphiné.)

R. auricomus L. — Vaiv. II, 180 : « Crêt-David ; Roche-Tachon. » — Il habite surtout les vallons des coteaux et les lieux frais de la plaine : Corcelles, Gill. 5 ; Bourdelans, S. *Phil.* 11, Méhu p. XI, etc.

R. acris L. — Vaiv. II, 182 : « dans toutes nos prairies ; » cf. S. *Phil.* 19.

[R. philonotis Ehrh. — Alluvions de la plaine, Gill. 5 (*R. sardous*) ; Magn. 51.]

[R. parviflorus L. — Fossés, de Saint-Vincent à Quincié, Gill. 11 ; pas de stations beaujolaises dans Car. 12 ; — Quincié, Corcelles, Beaujeu, St-L. 24.]

R. arvensis L. — Vaiv. II, 183 ; S. *Phil.* 20.

R. sceleratus L. — Vaiv. II, 181 : « prés du ruisseau Montdanet ; » I, 15 : « Bell. » ; — fossés de la plaine alluviale, Gill. 6, Magn. 52.

Ficaria ranunculoides Mœnch. — Vaiv. II, 181 : « trop commun ; » S. *Phil.* 7.

(Anemone pratensis L. — Vaiv. I, 15 : « Bell. » ; II, 179 :
« le long de l'Ardière ».)

A. ranunculoides L. — Vaiv. I, 15 : « Bell. » ; II, 179 ? —
Vallée de la Morgon, à Liergues, Gandoger in Car. 16 ;
Gleizé, *S. Phil.* 11.

A. nemorosa L. — Vaiv. I, 15 : « Bell. » ; II, 179 ; *S. Phil.* 12.

(A. silvestris L. — Vaiv., id. — ?)

[Hepatica triloba DC. — Cogny, Car. 16.]

[Thalictrum majus Jacq. — Beaujolais calcaire à Pommiers,
Car. 18.]

[Th. expausum Jord. — Pic de Sévelette ; Pommiers, Car. 18.]

Th. montanum Wallr. — Pommiers, Car. 19. — Vaiv. II, 177,
indique le *Th. minus* L., qui correspond à cette espèce
et à des formes voisines, « dans nos bois ».

[Th. collinum Wallr. — Beauj. calcaire à Limas, Cogny,
Saint-Bonnet-sur-Montmelas, Car. 19, *S. Phil.* 28.]

Th. flavum L. — Vaiv. I, 15 : « Bell. » ; II, 177 : « dans les
prés de Bourdelan ; » cf. *S. Phil.* 18. — C'est le *Th.
riparium* Jord. ! voy. Méhu p. xii.

Clematis vitalba L. — Vaiv. II, 176 ; Briss. 169 ; *S. Phil.* 20.

Caltha palustris L. — Vaiv. I, 16 ; II, 178 ; cf. Chatoux, *S.
Phil.* 12 ; Bourdelans, Méhu p. xii.

Helleborus fœtidus L. — Vaiv. I, 16 ; II, 177 ; Briss. 170 :
« haies un peu abritées ; » — *S. Phil.* 8, Gleizé ; etc.

[Isopyrum thalictroides L. — Vaiv. II, 177 : « je ne le connais
pas ; » on l'a cependant trouvé dans les vallées de la
Morgon et des ruisseaux ses affluents, à Alix, Liergues,
etc., *S. Phil.* 12, Car. 23.]

Nigella arvensis L. — Vaiv. II, 175.

Aquilegia vulgaris L. — Briss. 179 : « tous nos prés humides ; »
Vaiv. I, 15 ; II, 175 : « en Brouilli et dans tous nos bois ; »
— *S. Phil.* 15.

Delphinium Consolida L. — Vaiv. II, 174 ; *S. Phil.* 18.

[Aconitum Napellus L , indiqué dans le Haut-Beaujolais, Car.
26 ; — Vaiv. ne l'y connaissait pas et paraît l'avoir seulement « cueilli à Pilat où il est abondant entre les deux
granges, II, 173 ».]

A. Lycoctonum L. — Vaiv. I, 15 : « Ajou ; » II, 172 : « sommet
d'Ajou ; et cueilli au Pilat. » Le sommet d'Ajou est le

Saint-Rigaud, où l'*A. Lycoctonum* a été en effet retrouvé : voy. *S. Phil.* 27, Car. 27.

Actæa spicata L. — Vaiv. I, 14 : « Bell. » ; II, 168 : « dans le voisinage du Crêt-David ; M. Coupier le trouve communément à Saint-Nizier. » On lit de plus dans Car. 27 : « Denicé (Gandoger), montagnes du Beaujolais où elle est rare. » L'*Actaea* paraît donc se trouver dans les bois frais des vallées de l'Azergue, de l'Ardière, du Nizerand, etc.

BERBÉRIDÉES.

Berberis vulgaris L. — Briss. 166 ; Vaiv. I, 10 : « Bell. » ; II, 97 : « commun dans les haies de Saint-Lager et surtout de Brouilli ; » — dans les parties alluviales et calcaires du Beaujolais ! cf. bois de Châlier, *S. Phil.* 15, 32.

NYMPHÉACÉES.

Nymphæa alba L. — Briss. 179 : « les étangs, surtout vers Roanne ; » — Vaiv. I, 15 : « Bell. » ; II, 171 : « dans les étangs du Charolais ; étang de la Claite *(sic* pour la Clayette !) » ; — se retrouve aussi dans le Beaujolais proprement dit, à Arnas, Anse, etc., *S. Phil.* 25, Méhu p. xi, Car. 29.

Nuphar luteum Sm. — Vaiv. I, 15 : « Bell. » ; II, 171 : « fossés de Bourdelan ; » cf. Anse, Arnas, etc., *S. Phil.* 25, Méhu p. xi, Car. 29.

PAPAVÉRACÉES.

Papaver Rhœas L. — Vaiv. II, 166 ; *S. Phil.* 17.

P. dubium L. — Vaiv. II, 166 ; *S. Phil.* 17.

[**P. hybridum** L. — Vaiv. II, 166 ; Chazay d'Azergues, Car. 30.]

P. argemone L. — Vaiv. I, 14 : « Bell. » ; II, 166. Plaine alluviale de la Saône, Gill. 5 ; Magn. 51 ; sables de Bourdelans, Méhu p. xiii, *S. Phil.* 17.

[**Meconopsis cambrica** Vig. — Saint-Rigaud, au bois de la Tour, Fray in Car. 31 ; cf. *S. Phil.* 27 ; Sargn. 106 ; Gill. 18. Pour la dispersion de cette espèce intéressante, voy. St-L. 32, *d ;* Magn. 240.]

Chelidonium majus L. — Briss. 169 ; Vaiv. II, 167 ; *S. Phil.* 12

Fumariacées.

Fumaria officinalis L. — Vaiv. II, 248 ; *S. Phil.* 9.

[**F. capreolata** L., f. *speciosa* Jord. — Remonte dans la plaine
alluviale, près de Belleville, à la Lime, Gill. 6.]

Corydalis solida Sm. — Vaiv., voy. plus bas ; Roche d'Ajoux,
Grogn. in Gill. 17.

Corydalis fabacea Pers. — Vaiv., voy. ci-dessous ; Poule, à la
Roche d'Ajoux, Car. 34.

Obs. — On trouve dans Vaivolet plusieurs Corydales
indiquées de la manière suivante :

« *Fumaria bulbosa* L., I, 20 ; II, 247 : *Corydalis*,
bracteis simplicibus ; dans une haie à Regneins (pour
Reneins) ». Serait-ce le *Corydalis cava* Schw., descendu
accidentellement par la Saône, des bords du Doubs où il
est fréquent ?

« *Fumaria Halleri* L., I, 20 ; II, 247 : *Corydalis
solida* Willd., et var. B. *tuberosa*, flore viridi, radice
cava ; l'une et l'autre, bracteis cuneato-digitatis. Sommet
d'Ajou. » Le *Fumaria Halleri* est évidemment,
ainsi que Vaivolet le dit, le *Corydalis solida,* trouvé
aussi par Grogniot à la Roche d'Ajoux ; quant au *C. tuberosa*,
à tubercule creux, mais à bractées *cuneato-
digitatis,* ce ne peut être le *C. cava ;* serait-ce *C. fabacea*
Pers., à tubercule accidentellement creux ?

Crucifères.

Cheiranthus Cheiri L. — Vaiv. II, 227.

Nasturtium officinale Rob. Br. — Vaiv. II, 236 (sub *Sisymb.
nasturt.*) : « Beauj. » ; *S. Phil.* 21.

N. silvestre R. Br. — Vaiv. II, 236 ; *S. phil.* 18 ; Méhu
p. xi.

Barbarea vulgaris R. Br. — Vaiv. II, 226 (sub *Erysimo
Barb.*) ; *S. Phil.* 18.

[**B. stricta** Andr. — Bourdelans ; terrain erratique d'Alix, Car.
37, Magn. 49, 52.]

[**B. patula** Fr. (*præcox* R. Br). — Villié, Beaujeu, Gill. 11 ;
Alix, St-L. 40.]

Turritis glabra L. — Vaiv. I, 19 : « Bell. » ; II, 228 : « commun
dans les bois de la Chaize ; » — alluvions de la
Saône, Magn. 51.

Arabis Thaliana L.— Vaiv. I, 19 : « Bell. » ; II, 228 : « abondant dans nos vignes ; » cf. Gill. 5.

[**A. sagittata** Rchb. — Pommiers, Bourdelans, Car. 40.]

A. hirsuta Scop. — ? Vaiv. II, 228 : « dans quelques
vignes ».

Cardamine pratensis L. — Vaiv. II. 234 : « prés ; »
S. Phil. 7.

C. amara L. — Vaiv. I, 18 : « Ajou » ; II, 234 : « *C. amara*
de Gaspard Bauhin et non de Villart ; au Pilat et à Ajou.
— Nasturtium pyrenaicum Herman et 45 prodromi G.
Bauh. Varietas *amaræ*, quæ secundùm Fl. suecicam ést
vera amara species, est à me collecta *au Pilat et Ajou ;*
antheris cœruleis, striis in margine albidis ; foliolis omni-
bus subrotundis angulatis. »

Cette description précise prouve que la plante trouvée
par Vaivolet au Saint-Rigaud est bien le *C. amara ;*
Car. 44, ne l'indique qu'à Saint-Bonnet-le-Froid pour le
Rhône, puis au Pilat, etc.

C. hirsuta L.— Vaiv. I, 18 : « Bell. » ; II, 234 : « commun dans
nos vignes au printemps ; » cf. *S. Phil.* 9, Gill. 5.

[**C. silvatica** Link. — Saint-Bonnet-sur-Montmelas, Car.
45.]

C. impatiens L. — Vaiv. I, 18 : « Bell. » ; II, 234 : « trouvé
au cimetière de Cercié, sur le mur de clôture ; » — bords
de l'Azergue, Car. 46 ; entre Quincié et Marchampt, Gill.
11 ; en général, les vallées du Beaujolais, Magn. 50.

Dentaria digitata Lamk. — Vaiv. I, 18 : « *D. pinnata*, Crêt-
David ; » II, 233 : « *D. pinnata* Willd. Crêt-David ».
Même localité dans Car. 46.

D. pinnata Lamk. — Vaiv. I, 18 : « *D. pentaphyllos*, Bell. » ;
II, 233 : « dans les bois au soir de la Roche-Tachon, à un
quart de lieue du Crêt-David, le *pentaphyllos* foliis asperis, se trouve.» Même localité et le Saint-Rigaud, dans
Car. 46 ; cf. *S. Phil.* 27.

Obs. Nous pensons qu'on ne peut hésiter à rapporter le *pentaphyllos* foliis asperis de Vaivolet, au *D. pinnata* Lamk. dont les
feuilles sont parsemées de poils en dessus, — et son *D. pinnata* au
D. digitata Lamk. Les localités encore assignées de nos jours à ces
deux espèces sont confirmatives ; la figure de Gilibert (*Hist. des pl.*
d'Europe, 1ʳᵉ éd., t. I, p. 233, fig. 334) l'est aussi, parce que Vaivolet a précisément, dans ses notes manuscrites, rapporté au

D. pinnata Willd., le n° 870 (*Dentaria pentaphyllos*) de Gilibert, correspondant à la figure 334, laquelle représente une Dentaire à feuilles manifestement *digitées*. Vaivolet ajoute encore les observations suivantes :

« La première (*D. pinnata* Willd.) se trouve à fleurs blanches ou violettes; la seconde (*D. pentaphyllos*), à fleurs blanches ou tirant sur le pourpre. Gouan, dans ses illustrations, a peut-être eu raison de faire de nos Dentaires des variétés d'une même espèce. »

[**Hesperis matronalis** L. — Vallée du Marverand, à Saint-Julien-sur-Montmelas, Car. 47.]

Sisymbrium Alliaria Scop. — Vaiv. II, 227 ; *S. Phil.* 12.

[**S. supinum** L. — Bien que Vaiv. le place parmi les *Sisymbria* « non indiqués en Beaujolais, II, 237 », il peut se trouver sur les bords de la Saône; cf. Car. 47.]

S. officinale Scop. — Vaiv. II, 226 (sub *Erysimo off.*); *S. Phil.* 17.

S. Irio L. — Vaiv. I, 18 : « Bell. »; II, 238 : « le long de l'Ardière » A rechercher ? Car. ne l'indique pas dans la région.

S. Sophia L. — Vaiv. II, 238 : « cimetière de Cercié ; » — vallée de l'Azergue, Car. 49 ; de la Saône, Méhu p. xiii ; Magn. 50, 52.

Erysimum cheiranthoides L. — Vaiv. II, 227 ; cf. Bourdelaus, bords de la Saône ; *S. Phil.* 25, Méhu p. xi, Car. 50.

Brassica Cheiranthus Vill. — Vaiv. II, 233 : « commun à Odenas ; » — dans le gore siliceux des coteaux et de la montagne ! Voy. *Soc. Phil.* 18 ; Méhu, p. xiii ; Gill. 11, 14 ; Magn. 37, 44.

B. campestris L. — Vaiv. II, 228.

B. Napus L. — Vaiv. II, 230 : « cultivé avec succès à Chiroubles. »

Erucastrum Pollichii Schimp. — Vaiv. I, 19 ; II, 230 (sub *Brassica Erucastro*) ; — bords et coteaux de la Saône : voy. Car. 52 ; Magn. 51.

Sinapis arvensis L. — Vaiv. II, 235 ; *S. phil.* 17.

[**S. alba** L. — Adventice, Gill. 10.]

Les *Diplotaxis tenuifolia* DC., *D. muralis* DC. ne sont pas indiqués en Beaujolais, par Vaiv. II, 237.

Raphanus Raphanistrum L. — Vaiv, II, 225 ; *S. phil.* 24.

Alyssum calycinum L. — Vaiv. II, 219 : « terres sablonneuses de Bourdelan; » cf. *S. Phil.* 17; Méhu p. xiii.

[**Farsetia clypeata** R. Br. — Chazay-d'Azergues, Gandoger in
Car. 56.]

Draba verna L. — Vaiv. I, 18; II, 217. *L'Erophila steno-
carpa* Jord., dans la plaine, Gill. 5.

Roripa amphibia Bess. et *R. nasturtioides* Spach doivent
se retrouver dans le Beaujolais ; Vaivolet les y indique,
du reste, en ces termes (II, 236) : « *Sisymbrium amphibium* L. Beauj. ; *S. palustre, S. aquaticum* et *S. ter-
restre*, les trois en Beauj. » La forme *palustre* (I, 18 :
« Bell. ») est le *R. nasturtioides* Spach ; cf. Bourdelans,
Méhu p. xi, *S. Phil.* 25.

Camelina sativa Cr. — Vaiv. II, 218 : « plaine de Belleville ; »
cf. Dracé, Gill. 4.

Thlaspi arvense L. — Vaiv. II, 223.

(**T. alliaceum** L. — Vaiv. II, 223, — probablement confondu
avec le précédent; cf. Car. 63.)

T. perfoliatum L. — Vaiv. II, 224 : « Terres incultes et dans
nos meilleures vignes à Saint-Lager ; » cf. Gill. 5 ;
S. Phil. 9.

T. montanum Balbis non L. — Vaiv. *(T. montanum* L.) I, 18:
« Brouilli ; » II, 224 : « sommet de Brouilli et bois de la
Chaize ; Ajou. »

On a distingué dans le *T. alpestre* (appelé à tort *T.
montanum* par Balbis) plusieurs sous-espèces ; les suivantes se trouvent dans le Beaujolais :

T. silvestre Jord. indiqué à Roche-Tachon, etc., Car.
64; cf. Gill. 15 ; Magn. 38, 43 ; le Beaujolais, St-L. 59.

T. virens Jord. indiqué sur les sommets de Saint-
Bonnet-sur-Montmelas, Car. 64 ; Magn. *S. b. L.* IX, 320 ;
— de la Sévelette, Car. 64 ; — au pic de Chatoux, *S. Phil.*
13; — à Saint-Rigaud, Grogn. in Gill. 18.

Capsella Bursa-Pastoris Mœnch. — Vaiv. I, 18 ; II, 224 ;
« frequens in eo *Uredo candida.* » — *S. phil.* 7, avec la
forme *C. rubella* Reut.

Teesdalia nudicaulis R. Br. — Vaiv. I, 18 ; II, 219 : « couvre nos montagnes; » cf. Gill. 14, 15 ; coteaux siliceux
du Beaujolais, chaînes siliceuses de Saint-Bonnet, d'Arguel, des Chatoux, du Sobrant, etc., Magn. 42, 43, 44.

[**T. Lepidium** DC. — Vaiv. I, 18 ?; II, 222 (sub *Lepidio nudic.*) : « à Tournon. » Il doit cependant se trouver mêlé au précédent.]

Iberis pinnata L. — Vaiv. II, 218 : « dans un de mes prés. »

I. amara L. — Vaiv. I, 18 : « Bell. » ; II, 218 : « vignes et dans un de mes prés. » Cf. Limas, *S. phil.* 17.

Lepidium latifolium L. — Vaiv. I, 18 : « Bell. » ; II, 222 : « à Saint-Lager, Saint-Ennemond et Corcelles ; » cf. alluvions de la Saône, à Arnas, Car. 69.

L. campestre R. Br. — Vaiv. I, 18 : « Bell. » ; II, 223 (sub *Thlaspide)* : « à Saint-Lager ; » — environs de Villefranche, *S. Phil.* 15.

L. ruderale L. — Vaiv. II, 222.

[**L. graminifolium** L. — Vaiv. ne le signale pas dans le Beaujolais ; jusqu'où remonte cette plante dans la vallée de la Saône? Elle y arrive au moins dans les environs de Villefranche, cf. *S. Phil.* 24.]

L. Draba L. — Vaiv. II, 220 (sub *Cochlearia*) : « trouvé une seule fois dans le bois de la Chaize ; » — Corcelles, Gill. 10 ; alluvions de la Saône, Magn. 51.

(**L. procumbens** L. — Vaiv. II, 222 : « terres de Bourdelan ; » c'est une plante du Midi, indiquée par erreur?)

Senebiera Coronopus Poir. — Vaiv. I, 18 : « Bell. » ; II, 221 (sub *Cochlearia*) : « sur ma terrasse, au soir, commun ; » — Pommiers, Car. 73 ; Limas, *S. Phil.* 17.

Neslia paniculata Desv. — Vaiv. I, 18 : « Bell. » ; II, 218 (sub *Myagro*) ; — erratique dans les moissons.

(**Myagrum perenne** L. — Vaiv. II, 217 : « dans la plaine de Belleville. » ?)

Bunias Erucago L. — Vaiv. I, 19 : « Bell. » ; II, 238 : « environs de Villefranche et dans nos plaines de Belleville ; trouvé à ma porte ; » — plaine de la Saône, Car. 74, Gill. 3, Magn. 51. — La forme *B. arvensis* Jord., à Arnas, St-Georges-de-Reneins, Car. 74 ; Dracé, Gill. 3. Cette plante méridionale remonte donc certainement jusque dans les moissons du Beaujolais.

Rapistrum rugosum All. — Vaiv. II, 218 (sub *Myagro*) : « plaine de Belleville ; » — n'est pas indiqué par Cariot, etc., dans le Beaujolais, bien qu'il remonte la vallée de la Saône, aussi haut, en face, à Saint - Laurent-lès-Mâcon, cf. St-L. 61.

CISTINÉES.

Helianthemum vulgare Gærtn. — VAIV. II, 170 (sub *Cisto Hel.*) : « il fait une croûte sur tout le sommet de la montagne de Soberant; » cf. GILL. 14; *S. Phil.* 14.

[**H. salicifolium** Pers. — Beaujolais calcaire, à Saint-Jean-des-Vignes près Charnay, Theizé, Liergues, CAR. 77.]

VIOLARIÉES.

[**Viola palustris** L. — Prairies marécageuses de Chenelette, SARGN, 106 ; CAR. 80.]

V. hirta L. — VAIV. II, 328 ; *S. Phil.* 10.

V. alba Besser et ses formes *V. virescens* Jord., *V. scotophylla* Jord., dans le Beaujolais, GILL. 6.

[**V. collina** Besser ; vallée de l'Ardière, CAR. 81].

V. odorata L. — VAIV. II, 328 ; *S. Phil.* 10.

V. silvestris Rchb. — VAIV. II, 329 (? sub *V. montana* L.); avec les deux formes *V. Reichenbachiana* Jord. et *V. Riviniana* Rchb., *S. Phil.* 11.

V. canina L. — VAIV. II, 329; — Roche d'Ajoux, GROGN. in GILL. 17.

[**V. pumila** Vill. — Bourdelans, CAR. 84 ; cf. partie de la prairie voisine d'Anse, MÉHU p. x.]

[**V. stagnina** Kit. — Bourdelans, CAR. 84 ; cf. en face du petit bois de Bourdelans, MÉHU et BOULLU, *l. c.*, p. x, *S. Phil.* 18.]

[**V. elatior** Fr. — Bourdelans, CAR. 85 ; id. assez répandu, MÉHU p. x, xi, *S. Phil.* 18.]

V. tricolor L. — VAIV. II, 329 ; *S. Phil.* 18. La forme *V. contempta* Jord. indiquée à Saint-Rigaud, GROGN. in GILL. 18.

RÉSÉDACÉES.

Reseda Phyteuma L. — VAIV. I, 13 : « Bell. »; II, 145 : « Pommiers; » cf. bois de Châlier, *S. Phil.* 20; — calcaires et alluvions du Beaujolais méridional; paraît au moins rare dans le Beaujolais septentrional.

R. lutea L. — VAIV. I, 13 : « Bell. »; II, 145 : « Pommiers; » cf. *S. Phil.* 15.

R. Luteola L. — Briss. 168 : « croît dans quelques masures, assez abondamment dans de vieux murs du château de Thizy, derrière l'église de St-Georges ; » — Vaiv. I, 13 : « Bell. » ; II, 145 : « commun à Regneins ; » — plaine, coteaux et montagne : Saint-Cyr-de-Chatoux, Magn. 43 ; *S. Phil.* 20, etc.

Polygalacées.

Polygala vulgaris L. — Vaiv. II, 248 ; *S. Phil.* 15. — La f. *oxyptera* Rchb., à Alix et Saint Cyr-de-Chatoux, Car. 88.

[**P. depressa** Wend. — Beaujolais siliceux : Saint-Cyr-de-Chatoux, Car. 89 ; montagne d'Avenas, Gill. 11 ; Roche d'Ajoux, Grogn. in Gill. 17 ; en général, la zone montagneuse, Magn. 39.]

(Le **P. exilis** DC. a été indiqué dans le Beaujolais, aux Salles, par M. Gandoger in Car. 90 ?)

Droséracées.

Parnassia palustris L. — Vaiv. I, 8 : « Bell. » ; II, 95 : « dans les prairies humides de nos montagnes, à Chenelette, la Carelle, Azolette, Saint-Igny-de-Vers ; » cf. Gill. 15 ; *S. Phil.* 29 ; Magn. 38. Cariot n'indique aucune station dans le Beaujolais.

Drosera rotundifolia L. — Briss. 178 : « dans les prairies fort élevées, mais fort humides, à l'ouest de Saint-Appolinard ; » — Vaiv. I, 8 : « Bell. » ; II, 96 : « commun dans les prés marécageux de Chenelette, — de l'Hôpital, à la Carelle. » Cf. Chênelette, Sargn. 106.

D. longifolia L. — Vaiv. I, 8 : « Bell. » ; II, 96 : « mêlé avec le précédent dans le bois de Couroux, à Poule. » N'est pas indiqué dans Car. ; à rechercher?

Silénées.

Gypsophila muralis L. — Vaiv. I, 12 : « Bell. » ; II, 131 : « dans les charroirs de nos vignes. » Cf. Gill. 5 ; Magn. 51.

(**G. saxifraga** L. — Vaivolet ne l'indique qu'à Tournon, II, 131 ; cette espèce si fréquente à Lyon, sur les bords et les coteaux du Rhône, ne remonte pas la vallée de la Saône).

Dianthus prolifer L. — Vaiv. I, 12 : « Bell. » ; II, 132 : « en montant à l'extrémité de l'avenue de la Chaize et dans

les terres sablonneuses proche Villefranche ; » cf. sables
de Bourdelans, Méhu p. xiii, *S. Phil.* 18.

D. Armeria L. — Vaiv. II, 132 : « à la Carelle ». Gill. 6 ; *S. Phil.* 26.

D. carthusianorum L. — Vaiv. I, 12 : « Bell. » ; II, 132 :
« Brouilli.et bois de la Chaize. » Cf. Gill. 14 ; Magn. 37 ;
S. Phil. 26, etc.

> Var. *uniflora* Coss. et Germ. : Régnié, Lantignié, Car.
> 93 ; mont Arguel, monts Chatoux, Sobrant, etc., Magn. !

Saponaria vaccaria L. — Vaiv. II, 131 : « dans les bleds des
environs de Belleville ; » — environs de Villefranche,
S. Phil. 24.

S. officinalis L. — Briss. 166 : « fréquent dans le chemin de
Lestra à Ternand ; le long des fossés et des ruisseaux
des environs de Villefranche ; » — Vaiv. II, 131 : « très
commun le long de l'Ardière. » — *S. Phil.* 24.

Cucubalus baccifer L. — Vaiv. II, 133 : « bois de Briante (1) ».
Cf. Gill. 6 ; Magn. II.

Silene inflata Sm. — Vaiv. II, 133 ; *S. Phil.* 17.

S. otites Sm. — Vaiv. II, 133 : « terres sablonneuses des environs de Villefranche ; » cf. Bourdelans, Car. 101.

[**S. conica** L. — Sables de Bourdelans, Méhu p. xiii ; *S. Phil.*
18. Espèce méridionale ne remontant pas plus haut dans
la vallée de la Saône.]

[**S. gallica** L. — Vallées de l'Azergue et de l'Ardière, Car. 102.]

S. nutans L. — Vaiv. II, 134 ; Gill. 15.

[**S. italica** L. — Coteaux calcaires de Limas, S. *Phil.* 17.]

Lychnis Flos-Cuculi L. — Vaiv. II, 140 : « dans nos prés
de l'Ardière ; » — Gill. 5 ; *S. Phil.* 14.

L. Githago Lamk. — Briss. 167 : « fréquent dans les bleds ; »
— Vaiv. I, 12 ; II, 139 : « trop commun ; la var. blanche
sur la montagne de Pringins : serait-ce le *nicœensis* de
Persoon ? » Cf. dans I, 12 : « β. *alba*, Pringins. » —
S. Phil. 15.

L. dioica L. — Vaiv. II, 140 ; *S. Phil.* 28.

L. silvestris Hoppe. — Vaiv. II, 140 ; après *L. dioica*, Vaivolet ajoute : « sur les bords de l'Ardière, trouvé la tige
à fleurs rouges, avec étamines ; quelques-uns en ont fait

---

(1) Briante, hameau de Saint-Lager, à un kilomètre à l'est de ce village.

le *L. silvestris.* » C'est bien, en effet, cette plante qui se trouve non seulement dans la vallée de l'Ardière (cf. Gill. 6, Car. 105), mais encore dans la vallée de l'Azergue, — dans la zone montagneuse, au Tourvéon, au Saint-Rigaud (Magn.! 38), etc. Voy. encore Car. *l. c.* 105, Magn. 50, 52 ; *S. Phil.* 27.

Alsinées.

Buffonia perennis Pourr. — Cogny, Rivollet, Denicé, Montmelas, Vaux, Car. 106 ; cf. Vaiv. II, 135, qui indique *B. tenuifolia* « en Briante et Saint-Ennemond ; » c'est probablement la même espèce ?

Sagina procumbens L. — Vaiv. II, 43 : « commune. »

S. apetala L. — Champs sablonneux ; cf. Gill. 5 ; *S. Phil.* 13.

[**S. patula** Jord., f. *ciliata* Fr. — Vignes, Gill. 5.]

S. erecta L. — Vaiv. II, 43 : « plus rare ; » — Alix, etc. Car. 107.

(**Spergula nodosa** L. — Vaiv. II, 138 ; probablement par erreur ?)

Sp. arvensis L. — Vaiv. II, 138 ; *S. Phil.* 27.

Sp. pentandra L. — Vaiv. II, 138 : « dans les champs, dans le haut des bois de la Chaize ; » — Pic de Fleurie, Car. 109.

Var. *minima* Vaiv. I, 12 : « *Spergula minima*, Saburim » ; II, 138 : « la petite espèce trouvée au sommet de Saburin, uniflore, pourrait bien être une espèce distincte. »

[**Sp. Morisoni** Bor. — Confondu avec le précèdent par Vaivolet, se trouve fréquemment dans le Beaujolais, bien que Cariot (p. 109) ne l'y indique pas : Villié, Beaujeu, Fleurie, etc., Gill. 11]

[**Alsine segetalis** L. — Champs des terrains siliceux.]

A. rubra Vahl. — Vaiv. II, 135 ; *S. Phil.* 26.

A. tenuifolia Cr. — Vaiv. II, 135 ; *S. Phil.* 9.

Arenaria serpyllifolia L. — Vaiv. II, 135 ; *S. Phil.* 9.

A. trinervia L. — Vaiv. II, 134 : « abondant dans les bois de Saburin ; » — Saint-Bonnet-sur-Montmelas, Grogn. in Gill. 17 ; environs de Villefranche, *S. Phil.* 14, etc.

Vaiv. II, 134 : « toutes les Sablines suivantes (*A. serpyllifolia, rubra, media, saxatilis, tenuifolia*) se trouvent en Beaujolais. L'*Arenaria* est le genre où la prodigalité des espèces, les doubles emplois doivent être le plus soupçonnés. »

Holosteum umbellatum L. — Vaiv. II, 31 : « très commun sur ma terrasse ; » cf. *S. Phil.* 12 ; Gill. 5. Vaivolet ajoute : « il m'a longtemps embarrassé, avant que j'eusses un Haller. Les éditions du *Species* de Linné et tous ceux qui l'ont copié sans examen répétaient tous, d'après Haller, *petiolis serratis* ; et Haller avait imprimé : *petalis serratis*. Cette faute est encore dans le Willdenow. »

Stellaria nemorum L. — Vaiv. I, 12 : « Bell. » ; II, 134 : « montagne d'Ajou ; » cf. de Chênelette à Saint-Rigaud, Sargn. 105 ; *S. Phil.* 27 ; — Saint-Bonnet-sur-Montmelas, Grogn. in Gill. 17 ; le Haut-Beaujolais en général, Car. 116 ; Magn. 33, 43 ; St-L. 95.

St. media Vill. — Vaiv. II, 135 (sub *Arenaria); S. Phil.* 9.

St. holostea L. — Vaiv. II, 134 : « commun dans les bois et les hayes. » *S. Phil.* 11.

St. glauca With. — Vaiv. II, 134 : « n° bis. St. palustris, *glauca* Sm. ; le long de l'Ardière, dans les endroits marécageux. » N'est pas indiqué dans Cariot.

St. graminea L. — Vaiv. II, 134 : « le long de l'Ardière ; » — environs de Villefranche, *S. Phil.* 21.

St. uliginosa Murr. — Vaiv. II, 134 : « n° ter. St. Alsine, *uliginosa*... dans une mare du bois de Saburin. » Cf. Saint-Rigaud, *S. Phil.* 27 ; granites du Beaujolais, St-L. 96 ; pas de localités beaujolaises dans Car. 118.

Cerastium aquaticum L. — Vaiv. II, 139 : « fossés de Bourdelan ; » cf. *S. Phil.* 24.

 . **glomeratum** Thuill. — Vaiv. II, 139 (sub *C. viscoso*) : « commun. » *S. Phil.* 14.

[**C. brachypetalum** Desp. — Saint-Bonnet-sur-Montmelas, Grogn. in Gill. 17].

C. semidecandrum L. — Vaiv. II, 139 : « commun. »

[**C. obscurum** Chaub. et la var. *litigiosum* De Lens, dans les environs de Villefranche, *S. Phil.* 9].

C. triviale Link. — Vaiv. II, 139 (sub *C. vulgato*) : « com. » ; *S. Phil.* 22.

C. arvense L. — Vaiv. II, 139 : « com. »

Elatine Hydropiper L. — Vaiv. II, 124 : « Étangs de Pierreux, fossés de Bourdelan. » C'est probablement l'*E. major* Braun. ou l'*E. hexandra* DC. ?

E. Alsinastrum L. — Vaiv. II, 124 : « mêmes localités. »

LINACÉES

Linum gallicum L. — Vaiv. II, 95 ?

L. tenuifolium L. — Vaiv. II, 95 : *S. Phil.* 19.

L. catharticum L. — Vaiv. II, 95 : « à Brouilli et à la Carelle,
dans nos bois ; » *S. Phil.* 19.

L. usitatissimum L. — Vaiv. I, 8 : « Bell.; » — II, 95 : « Pommiers et proche le bois d'Alix. » Probablement subspontané.

Radiola linoides L. — Vaiv. II, 96. ?

MALVACÉES.

Malva alcea L. — Vaiv. II, 245 : « terres de Bourdelan ; le
long de l'Ardière ; » cf. environs de Villefranche, *S. Phil.*
21, Car. 125.

M. moschata L. — Vaiv. I, 19 : « Bell.; » II, 244. — Beaujolais siliceux, voy. *S. Phil.* 22, Gill. 11, Magn. 44, etc.

M. rotundifolia L. — Vaiv. II, 244 : « proche de ma maison ; »
S. Phil. 21.

M. silvestris L. — Vaiv. I, 19 ; II, 244 ; *S. Phil.* 21.

Althæa officinalis L. — Vaiv. I, 19 : « Bell.; » II, 246 : « fossés
de Bourdelan ; » cf. prairies d'Anse à Villefranche, Arnas, Liergues, St-Georges-de-Reneins, bords de la Saône,
Méhu p. xii, *S. Phil.* 18, Car. 126, Gill. 2.

A. hirsuta L. — Vaiv. I, 19 : « Bell. »; II, 246 : « trouvé à
St-Lager. »

HYPÉRICINÉES.

Hypericum perforatum L. — Vaiv. II, 273. — La forme
microphyllum Jord., sur la montagne de la Chaise et
autres sommets du Beaujolais, *S. Phil.* 21, Gill. 14.

Vaiv. II, 275 : « nº *bis* ; trouvé une fois dans les bois de Boisfranc,
à une lieue et demie sud-ouest de Villefranche, l'*H. perfoliatum* L.,
tel qu'il est décrit par Gouan dans ses Herborisations. »

H. humifusum L. — Vaiv. I, 22 : « Bell. » ; II, 274 : « terres
de Belleville ; » — dans le Beaujolais siliceux, voy. *S.
Phil.* 27, Sargn. 105, Gill. 15, Magn. 44.

H. tetrapterum L. — Vaiv. I, 22 et II, 273 (sub *H. quadran-*

gulo) ; mais V*aivolet* dit textuellement : « foliis calicinis lanceolatis ; ffoliis pellucido-punctatis. Bell. » Cf. bords de la Saône, G*ill.* 2.

H. quadrangulum L. — V*aiv.* II, 273 (sub *H. dubio)* : « calicin. fol. ellipticis ; foliis obtusis epunctatis. Forêt de la Faye. » Cf. St-Rigaud, G*rogn.* in G*ill.*18 ; n'est pas indiqué dans le Beaujolais par Cariot.

H. montanum L. — V*aiv.* I, 22 : « Bell. » ; II, 274 : « en Brouilli et dans nos bois. » Cf. *S. Phil.* 22, G*ill.* 15, etc.

H. pulchrum L. — V*aiv.* I, 22 : « Bell. » ; II, 274 : « dans tous nos bois, en Brouilli et Ajou ; » — dans tout le Beaujolais siliceux, voy. aussi S*argn.* 105 ; G*ill.* 15 ; sur l'erratique ou les autres terrains siliceux dans le Beaujolais calcaire, *S. Phil.* 19 (bois de Châlier), M*agn.* 49.

H. hirsutum L. — V*aiv.* I, 22 : « Bell. » ; II, 274 : « en Brouilli et bois de la Chaize, Ajou. » N'est pas indiqué dans le Beaujolais par Cariot.

H. androsæmum L. — V*aiv.* I, 21 : « Bell. » ; II, 273 : « forêt de la Faye, au matin ; entre Azolette et Saint-Germain ; » cf. Propières, C*ar.* 129.

TILIACÉES.

Tilia europæa L. — B*riss.* 157 : « rare ; » — V*aiv.* I, 15 : « β *major*. Crêt-David » ; II, 171 : « au Crêt-David ; montagne d'Ajou. »

ACÉRINÉES.

Acer campestre L. — B*riss.* 156 ; V*aiv.* II, 387 ; *S. Phil.* 15.

(**A. platanoïdes** L. — V*aiv.* I, 30 : « Bell. » ?)

A. Pseudoplatanus L. — B*riss.* 156 : « devient assez beau ; » — V*aiv.* I, 30 : « Bell. » ; II, 386 : « sur le sommet d'Ajou ; au Crêt-David ; » — bois de Saint-Cyr-de-Chatoux ! M*agn.* 43 ; aucune de ces stations n'est indiquée dans Cariot, p. 132.

[**A. monspessulanum** L., à Arnas, d'après C*ar.* 131.]

(**A. opulifolium** L., à la Roche-d'Ajou, d'après *Soc. Phil.* 29 ?)

AMPÉLIDÉES.

Vitis vinifera L. — V*aiv.* II, 65 : « très commune en Beaujolais, avec une infinité de variétés à démêler. — *Vitis sil-*

vestris seu *labrusca*, dans les bois de la Chaize, en Saburin. »

GÉRANIACÉÉS.

Geranium Robertianum L. — Vaiv. I, 19 ; II, 241 : « avec la var. à tiges verdâtres ; » *S. Phil.* 17.

G. rotundifolium L. — Vaiv. I, 19 ; II, 242 ; *S. phil.* 9.

G. nodosum L. — Vaiv. II, 241 : « trouvé en Beaujolais par M. Coupier de Viry, qui m'en laissa un échantillon ; » cette espèce croît en effet dans la vallée de l'Azergue, Car. 136 ; Magn. 50 ; St-L. 105.

[**G. pyrenaicum** L. — Plaine beaujolaise, *S. Phil.* 21, Gill. 7.]

G. pusillum L. — Vaiv. II, 242 ; *S. Phil.* 21.

G. molle L. — Vaiv. II, 241 ; *S. Phil.* 21.

G. columbinum L. — Vaiv. II, 242 ; *S. Phil.* 21.

G. dissectum L. — Vaiv. I, 19 ; II, 242 ; *S. Phil.* 14.

(Le *G. lucidum* L. est indiqué par erreur dans « Bell. » I, 19 ; dans les notes de II, 241, Vaivolet ne mentionne avec raison que « Tournon. »

Erodium cicutarium L'Hérit. — Vaiv. I, 19 : « Bell. » ; II, 240 : « avec la variété blanche, dans mes vignes ; » cette dernière est probablement la forme *E. subalbidum* Jord. ; cf. *S. Phil.* 9.

OXALIDÉES.

Oxalis acetosella L. — Briss. 167 : « commun vers Ronno » ; — Vaiv. II, 141 ; — cf. Roche-d'Ajou, Grogn. in Gill. 18 ; St-Lag. 113 ; Magn. !

O. stricta L. — C'est très probablement l'*O. corniculata* L. de Vaivolet, I, 12 ; II, 141 ; cf. Cercié, Durette, Gill. 11. Voyez, pour l'histoire de ces deux espèces, ma *Végét. du Lyonnais*, 1886, p. 462.

BALSAMINÉES.

Impatiens noli-tangere L. — Briss. 175 : « le long des ruisseaux des Molières ; » — Vaiv. I, 26 ; II, 329 : « forêt de Couroux, à Ajou et surtout dans la Combe-Noire d'Ajou ; le long des ruisseaux des Molières ; » cf. en effet, St-Rigaud, vallée de l'Azergue, etc., dans *S. Phil.* 27, St-Lag. 112, Car. 140.

RHAMNÉES.

Evonymus europæus L. — VAIV. II, 64; *S. Phil.* 15, 31.
Rhamnus cathartica L. — BRISS. 155; VAIV. I, 6; II, 63 :
« commun dans les bois de la Chaize. » *S. Phil.* 15, 32.
Rh. Frangula L. — VAIV. I, 6 ; II, 64; *S. Phil.* 15, 32.

PAPILIONACÉES.

Ulex europæus L. — BRISS. 173 : « assez rare en Beaujolais ;
entrée du bois d'Ailly près Villefrauche ; » — VAIV. II,
250 : « en Briante ; à Saint-Lager, dans une haie ; à
l'entrée d'un bois, proche Villefranche ; encore dans les
haies avant le hameau du Fût d'Avenas, à Rignié. »
Cariot, p. 147, n'indique des localités que dans le Beaujolais méridional, à Rivolet, Denicé, Arnas, Alix où
l'*Ulex* croit ordinairement sur les parties siliceuses des
terrains de transport et non pas sur les granites, comme
dans d'autres stations du Beaujolais et du Lyonnais,
MAGN. 49.
[**U. nanus** L. — Terrain siliceux, Alix, CAR. 148.]
[**Spartium junceum** L. — Fleurie, CAR. 148.]
Sarothamnus vulgaris Wimm. — VAIV. II, 249 ; — tous les
sols siliceux : BRISS. 172; *S. Phil.* 13 ; GILL. 16 ; MAGN.
37, etc.
Genista anglica L. — VAIV. I, 20 : « Bell. » ; II, 249 : « dans
nos montagnes du Haut-Beaujolais ; à Pilat ; » pas de
localités beaujolaises dans CAR. 149 ; cette plante se
trouve, du reste, dans la partie granitique voisine du
département de Saône-et-Loire.
G. germanica L. — VAIV. I, 20 : « Bell. » ; II, 250 : « tous
nos bois. » Cf. *S. phil.* 15 ; GILL. 15.
G. sagittalis L. — VAIV. II, 249 : « trop commun dans nos
montagnes dont il augmente la stérilité. » Cf. *S. Phil.*
19 ; GILL. 14 ; MAGN. 38, etc.
G. pilosa L. — VAIV. II, 249 : « couvre au printemps nos
rochers, nos montagnes. » Cf. GILL. 15 ; CAR. 150, etc.
G. tinctoria L. — VAIV. II, 249 : « très commun dans le Beaujolais où l'on n'en fait aucun usage ; » cf. *S. Phil.* 19,
GILL. 6. — La var. *lasiocarpa* est indiquée à Pommiers
et à Liergues, CAR. 151.

(Cytisus Laburnum L. — Vaiv. II, 271 : « trouvé à Vauxrenard la montagne. » Douteux, bien qu'il croisse non loin de là sur les calcaires du Mâconnais?)

(C. hirsutus L. — Vaiv. II, 270 : « à Tournon ; trouvé une seule fois en Brouilli ; » ne serait-ce pas le *C. capitatus ?*)

Ononis campestris L. — Briss. 173 : « *O. spinosa :* commun dans les paroisses de Saint-Symphorien, Amplepuis, la Grêle ; » — Vaiv. II, 251 : « *O. antiquorum* L. » — *S. Phil.* 20.

O. arvensis Lamk. — Vaiv. II, 251 ; *S. phil.* 20.

Anthyllis vulneraria L. — Vaiv. I, 20 : « Bell. » ; II, 250 : « à Pommiers. » — Surtout dans le Beaujolais calcaire, bois de Châlier, etc. S. *Phil.* 19 ; Magn. 47.

Medicago sativa L. — Vaiv. II, 265 ; *S. Phil.* 18.

M. lupulina L. — Vaiv. I, 21 ; II, 266 : « plante bisannuelle dont vos grainiers, sous le nom de *petit trèfle jaune,* accablent les acquéreurs, dont les prairies disparaissent tout à coup, parce que la plante n'est que bisannuelle, et que, précoce, elle se dessèche avant la maturité des foins. » — *S. Phil.* 12.

[Le *M. falcata* L. est-il mentionné dans le Beaujolais?]

M. polymorpha L. — Vaiv. II, 266 : « avec toutes ses variétés que je crois de véritables espèces, se trouve en Beaujolais : 1° *orbicularis,* 2° *scutellata,* 3° *intertexta,* 4° *hispida* seu *Gerardi,* 5° *minima,* 6° *muricata.* »

On trouve, en effet, signalées par les botanistes plus récents :

M. orbicularis (*M. ambigua* Jord.), à Limas, *S. Phil.* 17 ;

M. cinerascens Jord. (*M. Gerardi* p.p.), à Saint-Jean-des-Vignes, Car. 159 ;

M. Timeroyi Jord., à Pommiers, Arnas, Car. 159 ;

M. maculata Lamk., plaine du Beaujolais, Limas, Corcelles, etc., *S. Phil.* 17 ; Gill. 5 ;

M. minima Lamk., environs de Villefranche, *S. Phil.* 17.

[**Trigonella monspeliaca** L. — Saint-Jean-des-Vignes, Car. 159.]

Melilotus arvensis Wallr. — Vaiv. II, 259 ; *S. Phil.* 22.

[**M. alba** Desf., adventice dans la plaine beaujolaise, *S. Phil.* 18, GILL. 10.]

Trifolium pratense L. — VAIV. II, 261 ; *S. Phil.* 19.

[**T. medium** L. — Bois de la zone montagneuse, GILL. 15.]

T. alpestre L. — VAIV. II, 261 ; « Brouilli et Crêt-David. » Cariot n'indique que des localités plus méridionales du Beaujolais calcaire, à Pommiers et Liergues, CAR. 163.

T. rubens L. — VAIV. I, 21 : « Bell. » ; II, 260 : « très commun en Brouilly ; » — en général dans le Beaujolais calcaire, cf. bois de Châlier, *S. Phil.* 19 ; il n'y a pas de localités beaujolaises dans Cariot.

T. ochroleucum L. — VAIV. I, 21 : « Bell. » ; II, 261 : « à Odenas, commune proche Belleville ; » — bois de Châlier, *S. Phil.* 19.

T. arvense L. — VAIV. II, 262. — La forme *agrestinum* Jord, fréquente dans la montagne, *S. Phil.* 18, MÉHU p. XIII, GILL. 14, MAGN. 37, 42.

T. striatum L. — VAIV. II, 263 : « bords de l'Ardière entre le petit moulin et celui de la Terrière ; » — Alix, CAR. 165 ; Corcelles, GILL. 6 ; souvent sur l'erratique, dans le Beaujolais calcaire, MAGN. 49.

[**T. scabrum** L. — ?]

T. fragiferum L. — VAIV. II, 262 : « à Odenas ; » — Corcelles, GILL. 6 ; Bourdelans, *Soc. Philom.* 21, MÉHU p. XII, MAGN. 52.

T. subterraneum L. — VAIV. II, 260 : « levée des étangs de Pierreux ; » — Villefranche, CAR. 166 ; cf. ST-L. 149.

T. montanum L. — VAIV. II, 262.

T. repens L. — VAIV. II, 260 ; *S. Phil.* 19.

(Le **T. hybridum** L. de l'*Hist. des pl.* n'est probablement qu'une variété du *T. repens*, comme Balbis l'a constaté pour l'échantillon conservé sous ce nom dans l'herbier de Gilibert : voy. *Fl. lyonn.* I, 191.)

[**T. elegans** Savi. — Saint-Julien, Denicé, Arnas, CAR. 168 ; Beaujolais siliceux.]

[**T. spadiceum** L. — Monts du Beaujolais, CAR. 169.]

T. aureum Poll. — VAIV. I, 21 : « Bell. » ; II, 263 : « entre le Crêt-David et la Roche-Tachon, au soir ; » — Saint-Cyr-de-Chatoux, MAGN. 42, ST-L. *Cat.* 153 ; bois de Montout, GILL. 15 ; Cariot n'indique absolument aucune localité pour le Beaujolais.

T. agrarium L. — Vaiv. II, 263. Cf. *T. campestre* Schreb., Méhu p. xiii.

T. procumbens L. — Vaiv. II, 263. Cf. *T. minus* Bor., *S. Phil.* 18 ; Méhu p. xiii.

T. filiforme L. — Vaiv. II, 263. Cf. Méhu p. xiii, *S. Phil.* 18 ; St-L. 153.

Tetragonolobus siliquosus Roth. — Vaiv. II, 271.

Lotus corniculatus L. — Vaiv. II, 272 ; *S. Phil.* 21.

Var. **villosus** Thuill. Est-ce à cette forme qu'il faut rapporter l'espèce suivante, intercalée dans l'*Histoire des plantes*, p. 272, à la suite du *L. corniculatus*, par Vaivolet : « *L. hirsutus* ; à la Carelle ; au Fût-d'Avenas. Caule ramosissimo, patulo, *lanato*, basi suffruticoso. » ? On peut encore songer au *L. diffusus* Sm.

L. tenuis Kit. — Vaiv. II, 272 (sub *L. angustissimo*) : « dans nos sables ; » Saint-Jean-d'Ardières, Corcelles, etc., Gill. 4, 7 (sub *L. tenuifolio* Rchb.) ; Bourdelans, *S. Phil.* 25, Méhu p. xiii ; Beaujolais siliceux, Magn. 51.

L. uliginosus Bchk. — Vaiv. II, 272 (sub *L. recto*) : « forêt de la Carelle et ses environs ; » — Chênelette, Gill. 15 ; Bourdelans, Méhu p. xii, Magn. 52.

Galega officinalis L. — Vaiv. I, 21 : « Bell. » ; II, 271 : « devenu spontané à Saint-Étienne ; échappé sans doute des jardins de la Chaize. »

Astragalus glycyphyllos L. — Vaiv. I, 21 : « Bell. » ; II, 258 : « commun dans les bois de la Chaize ; c'est le seul Astragale que j'ai rencontré en Beaujolais. »

Coronilla Emerus L. — Vaiv. I, 21 : « Bell. » ; II, 264 : « commun à Pommiers. » — En général, tout le Beaujolais calcaire : Limas, *S. Phil.* 17 ; plateau d'Oncin, etc. Magn. 49, etc.

C. varia L. — Vaiv. II, 264 : « commun dans nos charroirs des vignes ; » cf. *S. Phil.* 20, Gill. 5.

Ornithopus perpusillus L. — Vaiv. I, 21 : « Bell. » ; II, 264 : « commune à Rignié et dans les terres entre le Mont et la Roche d'Ajou ; » cf. de Chênelette à Saint-Rigaud, Sargn. 105, Gill. 15 ; en général dans le Beaujolais granitique, Magn., St-L. 182, etc.

Hippocrepis comosa L. — Vaivolet indique aussi l'*H. multisiliquosa*, mais certainement à tort, dans le Beaujolais :

H. multisiliquosa : I, 21 : « Bell. »; II, 265 : « rare, mais se trouve dans quelques terres légères ; »

H. comosa : II, 265 : « à Tournon, avec le précédent; sur les terrains sablonneux de Pommiers et du Haut-Beaujolais; » — surtout dans le Beaujolais calcaire, Châlier, *S. phil.* 15, etc.

Onobrychis sativa Lamk. — Vaiv. I, 21 : « Bell. »; II, 263 (sub *Hedysaro*) : « sur Brouilli ; » *S. phil.* 19.

Vicia cracca L. — Vaiv. II, 256; *S. Phil.* 18.

[**V. varia** Host. — Bully, Car. 188; Villié - Morgon, Gill. 11.]

V. tetrasperma Mœnch. — Vaiv. II, 270 (sub *Ervo*).

V. monanthos Desf. — Vaiv. II, 270 : « *Ervum soloniense* et *monanthos* se trouvent en Beaujolais, sur les coteaux de la Chaize ; » il n'est pas indiqué dans Cariot ; peut-être accidentel ? cf. St-L. 173.

[**V. sativa** L. — *S. Phil.* 14.]

[**V. angustifolia** Roth. — ?]

V. lathyroides L. — Vaiv. II, 256 ; Beaujolais siliceux, Magn., St-L. 168.

V. sepium L. — Vaiv. II, 257 : « dans toutes nos hayes; » cf. *S. Phil.* 20.

V. lutea L. — Vaiv. II, 256; cf. *S. Phil.* 18; Méhu p. xiii ; Gill. 5; Beaujolais siliceux, St-L. 169.

(**V. hybrida** L. — Vaiv. II, 256 : « je ne le connais pas. »)

Ervum hirsutum L. — Vaiv. II, 270 ; *S. Phil.* 19.

Lathyrus Nissolia L. — Vaiv. II, 253 : « trouvé proche de Belleville ; » pas d'indications dans Cariot.

L. Aphaca L. — Vaiv. II, 253 : « très commun ; » cf. *S. Phil.* 15.

L. angulatus L. — Vaiv. II, 254 : (près de Villefranche.)

L. hirsutus L. — Vaiv. II, 254; cf. Gill. 5.

L. pratensis L. — Vaiv. II, 254 : « commun dans nos prés ; » cf. *S. Phil.* 14.

[**L. tuberosus** L. — Champs sablonneux de Bourdelans, *S. Phil.* 18.]

L. silvestris L. — Vaiv. II, 253 ; — cf. Montmelas, Car. 194 ; Tourvéon, *S. Phil.* 26, Gill. 16.

L. latifolius L. — Vaiv. II, 255 ; — cf. Gleizé, Belleville, Car. 195 ; Gill. 10.

Vaivolet signale encore le *L. heterophyllus* L. dans I, 20 : « Bell. »
II, 255 : « au matin du Crêt-David ; » c'est probablement le précédent? Vaivolet ajoute : « Les *Lathyrus silvestris, heterophyllus*
et *latifolius* ne seraient-ils pas une seule espèce, avec ses variétés ?
Avec ces trois mots magiques : *foliolis ensiformibus, lanceolatis,
ellipticis,* pourquoi multiplier les espèces ?... »

Orobus tuberosus L. — VAIV. I, 20 : « Bell. » ; II, 252 :
« partout. » Cf. Châlier, *S. Phil.* 8; MÉHU p. xiii ;
GILL. 15.

(O. vernus L. — VAIV. I, 20 : « Ajou ; » II, 253 : « à
Ajou. »)

O. niger L. — VAIV. I, 20 : « Bell. » ; II, 252 : « très commun
dans les bois de Brouilli ; » cf. Montout, GILL. 15 ; — tout
le Beaujolais calcaire : bois de Châlier, *S. Phil.* 15 ; Arnas, Liergues, Bully, CAR. 196 ; MAGN. 42, 47.

Vaivolet cite encore :
O. angustifolius, qui est peut être l'*O. tenuifolius* Roth ; voy.
CAR. 195 ;
O. silvaticus I, 20 : « Bell. » ; II, 253 : « à Ajou. »?

ROSACÉES.

Prunus spinosa L. — BRISS. 158 ; VAIV. II, 154 ; *S. Phil.* 11.

[**P. fruticans** Weihe. — Arnas, Saint-Bonnet-sur-Montmelas,
CAR. 198.]

P. insititia L. — VAIV. II, 154 ; cf. Ternand, MAGN. !

Cerasus avium DC. — VAIV. II, 154 : « à Torvéon, Ajou et
autres montagnes ; » — Chatoux, *S. Phil.* 13.

C. vulgaris Mill. — VAIV. II, 154 (sub *P. Ceraso*) ; *S. Phil.* 17.

C. Padus DC. — VAIV. II, 153 ; cf. GILL. 4.

C. Mahaleb Mill. — Vaivolet ne l'avait d'abord indiqué
qu' « à Tournon » I, 18 ; mais dans II, 153, il ajoute : « à
Tournon ; dans nos hayes ; » — le *C. Mahaleb* habite
surtout le Beaujolais calcaire et méridional ; cf. TILLET
in *S. bot. Lyon,* VI, 166 ; MAGN. 503.

Spiræa Filipendula L. — VAIV. II, 159 ; cf. vallée de l'Azergue, CAR. 200, MAGN. 159.

S. Ulmaria L. — VAIV. II, 159 ; *S. Phil.* 18.

Geum urbanum L. — VAIV. II, 164 ; *S. Phil.* 12.

[**G. rivale** L. — Montagnes du Beaujolais, CAR. 202 ;
ST-L. 191.]

Fragaria vesca L. — VAIV. II, 162 ; *S. Phil.* 14.

[**F. collina** Ehrh. — Environs de Villefranche, S. *Phil*, 18 ; charroirs des vignes, à Corcelles, etc. GILL. 7 (f. *collivaga* Jord. et Four.) — La var. *F. Hagenbachiana* Lang., à Saint-Julien, CAR. 203.]

[**F. elatior** Ehrh. — Plaine beaujolaise, à la Lime, GILL. 7.]

Comarum palustre L. — VAIV. I, 14 : « Bell. » ; II, 163 : « commun dans les prés autour de la forêt de la Carelle et daus les prairies de Chênelettes ; » cf. pour Chênelette, SARGN. 106 ; GROGN. in GILL. 17 ; MAGN.! Aucune station beaujolaise n'est indiquée daus Cariot ni dans St-Lager ; le *Comarum* se trouve du reste dans le Morvan granitique de Saône-et-Loire, cf. ST-L. 203.

Potentilla anserina L. — VAIV. II, 163 : « prairies de Belleville, de Bourdelan et d'Anse ; » cf. *S. Phil.* 18 ; MÉHU, p. XIII.

P. argentea L. — VAIV. I, 14 : « Bell. » ; II, 163 : « à St-Lager, sur le bord de nos chemins ; » — le Beaujolais siliceux ; cf. *S. Phil.* 18 ; GILL. 11. — La forme *P. decumbens* Jord., dans la chaîne de la Chaize, GILL. 12 ; le *P. argentata* Jord., dans les sables de Bourdelans, MÉHU p. XIII.

P. verna L. — VAIV. II, 163 (avec une longue note) ; *S. Phil.* 18.

P. reptans L. — VAIV. II, 163 : « elle incommode dans le gazon de mon jardin » ; *S. Phil.* 20.

P. Tormentilla Sibth. — BRISS. 169 : « fréquent dans les bois secs ; » — VAIV. I, 14 : « Bell. » ; II, 162 : « commun dans nos bois, nos pâturages ; » — sols siliceux, tourbeux, de la plaine aux sommets (Tourvéon, Saint-Rigaud, etc.) ; *S. Phil.* 24 ; GILL. 16 ; MAGN.!

P. Fragaria Poir. (*P. fragarioides* Vill.) — VAIV. I, 14 : « Bell. » ; II, 162 : « *Fragaria sterilis* L., une des premières plantes du printemps, qui serait mieux nommée *Potentilla fragarioides !* » (1) Plus tard Vaivolet ajoute, à la suite de la note précédente : « *P. fragarioides* ex Persoon est planta sibirica ; *Fragaria sterilis* fit *Potent. fragariastrum.* » — *S. Phil.* 14.

[**P. micrantha** Ram. — Chiroubles, Villié, GILL. 12 ; pas de localités beaujolaises daus Cariot.]

---

(1) Villars lui donne précisément ce même nom de *P. fragarioides* dans son *Hist. des pl. du Dauphiné*, t. III, p. 561.

Rubus idæus L. — Vaiv. II, 161 : « bois de Couroux, à Poule ; Ajou, etc. » — Saint-Bonnet-sur-Montmelas, Saint-Cyr-de-Chatoux, Roche-d'Ajou, bois de Joux, etc., dans *S. Phil.* 26, Car. 213, Magn. 38, 43 ; en général la zone montagneuse, cf. St.-L. 294.

R. cæsius L. — Vaiv. II, 161 : « bois de Couroux et de Brouilli ; » *S. Phil.* 21 ; Gill. 19, etc.

[**R. agrestis** Walldst. et Kit. — Arnas, Car. 214.]

[**R. spiculatus** Boulay et **R. pusillus** Rip., Gill. 19.]

[**R. dumetorum** W. et N. — Beaujeu, Car. 214.]

[**R. Bellardi** W. et N. (*R. glandulosus* Bell.) — Montagnes siliceuses du Beaujolais, Gill. 19, Magn.!]

[**R. distractus** Müll.? — Gill. 19.]

[**R. discolor** Weihe et N. — *S. Phil.* 21, Gill., Magn., etc.]

R. rusticanus Mercier. — Vaiv. II, 161 (sub *R. fruticoso*); cf. Gill. 19 et plusieurs formes :
    Var. D. *microphylla* Malbranche, dans les lieux secs ;
    R. hebes Boulay, à Corcelles.

[**R. tomentosus** Borkh. — Gill. 19 ; Cogny, Car. 221.]

[**R. trachypus** Boulay et Gillot. — Quincié, Marchampt, Gill. 19-21.]

Rosa arvensis Huds. — Vaiv. II, 160 ; *S. Phil.* 19 (1).

[**R. fastigiata** Bast. — Alix, Car. 223.]

[**R. systyla** Bast. — Saint-Lager, Boul. p. xlix, Car. 223.]

R. leucochroa Desv. — Arnas, Lacenas, Car. 223 ; est-ce le *R. alba* de Vaiv. II, 160?

[**R. hybrida** Schleich. — Brouilly, Corcelles, Car. 224 ; au-dessus du bourg de Corcelles, Gill. 22.]

[**R. gallico-repens** Boullu (*S. bot. Fr.* 1876, p. l, lxii ; *S. bot. Lyon*). — Saint-Lager, Boul. *loc. cit.*

[**R. incomparabilis** Chab. — Saint-Lager, Boul. p. l, Car. 224.]

[**R. conica** Chab. — Saint-Lager, Boul. p. l (sub *R. Polliniana* Sp.), Car. 225.]

---

(1) Il convient de rappeler que la plupart des indications qu'on possède sur les Roses du Beaujolais sont dues à M. Boullu ; voy. Cariot, *Etude des fleurs*, 6ᵉ édit., t. II, p. 222-264 ; Boullu, Enumération des Rosiers de la Flore lyonnaise, dans *Bull. Soc. bot. France*, 1876, session de Lyon, p. xlvi-lxviii ; Saint-Lager, *Catalogue*, p. 209.

[**Rosa rhombifolia** Boullu (*S. bot. Fr*. 1876, p. LXIII). —
Saint-Lager, BOUL. p. L, CAR. 225.]

[**R. geminata** Rau. — Saint-Lager, CAR. 226 ; — f. *opaci-
folia* Chab. — id., BOUL. p. L.]

[**R. silvatica** Tausch. — Saint-Lager, BOUL. L, CAR. 226.]

[**R. decipiens** Bor. — Haie à Corcelles, entre le bourg et le hameau de la Lime, GILL. 22.]

[**R. austriaca** Cr. — Saint-Lager, BOUL. p. L, CAR. 227.]

[**R. gallica** L. — Saint-Lager, Alix, BOUL. LI ; Villié, etc., CAR.
228 ; haie entre Lancié et Villié, GILL. 21.]

[**R. velutinæflora** Desegl. et Oz. — Mont. de Brouilly, CAR.
228.]

[**R. mirabilis** Desegl. — Saint-Lager, BOUL. p. L ; Brouilly,
CAR. 228.]

[**R. eminens** Chab. — Saint-Lager ; voy. BOUL. *l. c.*, p. L.

R. pumila L. f. — Saint-Lager, BOUL. p. LI ; mont. de Brouilly,
Belleville, etc., CAR. 229 ; entre Morgon et Pizay près Belleville, GILL. 21. C'est une de ces dernières espèces que
Vaivolet signale sous le nom de *R. provincialis*, II, 160,
comme « très commune sur notre montagne de Brouilli. »

R. canina L. — VAIV. II, 160. — Le *R. luteliana* Lem. à Limas, *S. Phil.* 20.

[**R. ovata** Lej. — Haies, commune, GILL. 22.]

[**R. Chaboissæi** Gren. — Quincié, coteaux de Montout, GILL.
22.]

[**R. Touranginiana** Desegl. et Rip. — Saint-Lager, BOUL.
p. LIII, CAR. 236.]

[**R. globularis** Franchet. — Gleizé, CAR. 237.]

[**R. Malmundariensis** Lej. — Limas, *S. Phil.* 20 ; Corcelles,
haies entre le bourg et le château, GILL. 22 (non CAR.)]

[**R. squarrosa** Rau. — Saint-Lager, BOUL. p. LIII ; Bourdelans,
MÉHU p. XIII ; la var. *B. gracilescens*, à Alix, CAR. 238.]

[**R. dumalis** Bechst. — Limas, *S. Phil.* 20 ; haies, commune,
GILL. 22.]

R. andegavensis Bast ; — Saint-Lager, BOUL. p. LIV.

[**R. Kosinsciana** Besser. — Pommiers, sur le chemin de Limas, CAR. 240.]

[**R. Aunieri** Car. — Villié, CAR. 243.]

[**R. dumetorum** Thuill. ; **R. urbica** Lehm. ; **R. platyphylla**
Rau ; **R. Deseglisei** Bor. ?]

[**Rosa platyphylloides** Deségl. — Lacenas, Boul. p. lvi.

[**R. trichoidea** Rip. — Saint-Lager, Boul. p. lvi.

[**R. collina** Desegl. — Alix, Boul. p. lvi, Car. 246.

[**R. Friedlanderiana** Bess. — Alix, Denicé, Villié, Car. 246.

[**R. tomentella** Lem. — Corcelles, haies des vignes à la Lime, Gill. 22.

[**R. flexuosa** Rau. — Villié, Car. 248.

[**R. Pugeti** Bor. — Alix, Saint-Lager, Boul. p. lviii, Car. 249.

[**R. Jundzilliana** Bess. — Saint-Lager, Boul. p. lvii ; Odenas, Car. 249.

[**R. sepium** Thuill. — Haies, bords des routes, commune, *S. Phil.* 20, Méhu p. xiii, Gill. 22.

[**R. chericnsis** Déségl. — Montmelas, Car. 251.

[**R. arvatica** Puget. — De Saint-Julien-sur-Montmelas à Blacé, Car. 251 ; haies à Corcelles, Gill. 22.

[**R. virgultorum** Rip. — Saint-Lager, Boul. p. lviii.

[**R. lugdunensis** Déségl. — Cogny et Pommiers, Car. 252.

[**R. Lemanii** Bor. — Corcelles, Saint-Lager, Boul. p. lix ; Car. 253.

[**R. rubiginosa** L. — Anse, en montant à Pommiers, Gleizé, Car. 253.

[**R. comosa** Rip. — Saint-Lager, Boul. p. lx ; Buisanthe, *S. Phil.* 21 ; Bourdelans, Méhu p. xiii ; Quincié, haies à Saint-Vincent, Gill. 22 (non Car.)

[**R. minuscula** Oz. et Gill. — Haies, près du bourg de Corcelles ; coteau entre Villié-Morgon et Durette, Gill. 23.

[**R. micrantha** Sm. — Saint-Lager, Boul. p. lix ; Corcelles, haies entre le bourg et le chemin de fer, Car. 255, Gill. 22.

R. diminuta Bor. — Saint-Lager, Boul. p. lix.

[**R. operta** Puget. — Haies, entre Corcelles et Romanèche, voy. Gill. 22.

[**R. subglobosa** Sm. — Alix, Car. 261.

[**R. mollis** Sm. — Alix, Villié, Car. 261.

[**R. micans** Déségl. — Alix et Gleizé, Gdgr. in Car. 264.]

(Vaivolet indique : *R. villosa* au sommet de Tourvéon et d'Ajou, I, 14 ; II, 160 ; *R. eglanteria* L., dans les haies de Saint-Lager, II, 160 ; il est difficile de les rapporter aux types admis aujourd'hui.)

Agrimonia eupatoria L. — Vaiv. I, 13; II, 144; *S. Phil.* 20, Gill. 6.

Alchemilla vulgaris L. — Vaiv. II, 41 : « pré de la Carelle; » Roche-d'Ajou, sec. Grogn. in Gill. 18. N'est pas indiqué dans Cariot.

A. arvensis Scop. — Vaiv. II, 42 : « commun en Brouilli. »

Sanguisorba officinalis L. — Vaiv. II, 37 : « Rare dans les prairies de Bourdelan, vis-à-vis Riotier. »

Poterium Sanguisorba L. — Vaiv. I, 28 ; II, 355. — Les deux formes *P. muricatum* Spach et *P. Guestphalicum* Baung., dans les environs de Villefranche, *S. Phil.* 19.

Mespilus germanica L. — Vaiv. I, 14 : « Bell. » ; II, 157 : « mal nommé, il est dans tous nos bois ; » pas indiqué dans Cariot.

Cratægus monogyna Jacq. et **C. oxyacanthoïdes** Thuill. — Vaiv. II, 156 : « *C. oxyacantha* L. et la var. *monogyna*, dans toutes nos hayes; bien préférable au *Robinia pseudoacacia* dont l'engouement ne sera pas durable, qui est traçant et sujet à se décoller. » *S. Phil.* 17, 31.

Malus communis DC. — Vaiv. II, 158.

[**M. acerba** Mérat. — Roche d'Ajou, *S. Phil.* 29 ; Alix, Arnas, Rivollet, Car. 270.]

Pirus communis L. — Vaiv. II, 158; cf. Car. 270.

Sorbus aucuparia L. — Vaiv. I, 13 : « Ajou ; Torvéon ; » II, 156 : « A Ajou et Torvéon ; » cf. Roche d'Ajou, Saint-Rigaud, Torvéon, Joux, etc., et, en général, le Beaujolais montagneux, *S. Phil.* 27, St-L. 249, Car. 271, Magn. 39, etc.

S. aria Cr. — Vaiv. I, 13 : « Brouilli ; » II, 155 : « commun au sommet de Brouilli et dans nos montagnes ; avec la var. *burgondica*, foliis utrinquè acuminatis. » — Toutes les montagnes, depuis les coteaux jusqu'aux sommités, Oingt, Saint-Cyr-de-Chatoux, Saint-Bonnet-sur-Montmelas, Sobrant, Torvéon, Saint-Rigaud, etc., Gill. 15, Magn. 38, 42, 43.

S. torminalis Cr. — Vaiv. I, 13 : « Bell. » ; II, 155 : « en Brouilli et nos montagnes ; » cf. Saint-Bonnet-sur-Montmelas, Car. 272.

(Vaivolet indique aussi le *S. domestica* L. « commun dans les taillis à Brouilli, » II, 157).

Onagrariacées.

Epilobium spicatum Lamk. — Vaiv. I, 10 (sub *E. angusti-folio*) : « Bell. » ; II, 117 : « en Brouilli ; bois de la Chaize ; forêt de la Carelle et montagne d'Ajou ; » cf. Roche-d'Ajou, Grogn. in Gill. 18, *S. Phil.* 29, Magn. ! ; Saint-Rigaud, Magn. 39 ; en général, les monts du Beaujolais, St-L. 254, Car. 273, Magn. 38.

E. hirsutum L. — Vaiv. I, 10 : « Bell. » ; II, 117 : « prairies de la Terrière ; » *S. Phil.* 22.

[**E. parviflorum** Schreb. — *S. Phil.* 20.]

[**E. montanum** L. — Vaiv. I, 10 : « Bell. » ; II, 117 : « dans nos bois ; » *S. Phil.* 20, Gill. 15, Magn. 42, etc.

[**E. collinum** Gmel. — Beaujolais siliceux, St-L. 254.]

[**E. lanceolatum** S. et M. — Bords des chemins dans le vignoble, bois de la basse montagne, Gill. 11, 15 ; Magn. 38, 42 ; pas de localités beaujolaises dans Cariot.]

E. palustre L. — Vaiv. I, 10 : « Bell. » ; II, 117 : « Ajou et Lacarelle. » Pas de localités beaujolaises dans Cariot.

E. tetragonum L. — Vaiv. I, 10 : « Bell. » ; II, 117 : « à Ajou et dans nos ruisseaux. »

[**E. obscurum** Rchb. — Arnas, Car. 276.]

Œnothera biennis L. — Vaiv. I, 10 : « Bell. » ; II, 117 : « commun sur les bords de la Saône ; » cf. Méhu p. xiii, Magn. 51, etc.

Circæa lutetiana L. — Vaiv. II, 10 : « bois de la Chaize, Ajou et Lacarelle ; » *S. Phil.* 24, Gill. 12, Magn. 50, etc.

C. alpina L. — Vaiv. II, 10 : « *bis*, à Ajou ; » cf. Monsols, Car. 277.

C. intermedia Ehrh. — Vaiv. II, 10 : « *ter* » ; cf. Villié, Saint-Rigaud, sec. Grogn. in Gill. 12, 18 ; Saint-Cyr-de-Chatoux, Car. 277.

Vaivolet a fort bien indiqué les caractères différentiels des *Circæa lutetiana*, *C. alpina* et *C. intermedia*, qu'il a trouvés tous trois et les deux derniers, pour la première fois, dans la région lyonnaise.

« *C. alpina*. Caule prostrato, racemo unico ; foliis nitidis, cordato-dentatis, à Ajou ; radice rubeolâ, dentato obliquâ.

C. intermedia. Foliis cordatis, acutè dentatis, glabris, nitidis, sicut in *alpinâ* ; caule erecto, racemis pluribus sicut in *lutetianâ* ; foliorum nervo, pilis albicantibus. »

Vaivolet avait développé ces observations dans son mémoire présenté à la Société d'agriculture de Lyon : voy. C. R., 1806, p. 63, et le présent mémoire, p. 8.

Isnardia palustris L. — Vaiv. II, 41?

Trapa natans L. — Briss. 177 : « *Alliet*. Quelques étangs des paroisses de Saint-Symphorien-de-Lay, vers Jourcé, et d'Amplepuis, vers le château des Forges ; » — Vaiv. II, 40 : « pièces d'eau de Saint-Pierre-le-Vieux et dans plusieurs étangs de nos montagnes. »

Haloragacées.

Myriophyllum verticillatum L. — Vaiv. I, 28 : « Bell. »; II, 354 : « fossés de Bourdelan et de Chênelettes ; » cf. Méhu p. xi, *S. Phil.* 25.

M. spicatum L. — Vaiv. *id.*

Hippuris vulgaris L. — Vaiv. II, 1 : « Dans les fossés de Villefranche ; étangs de Pierreux et de la Chaize ; en Bourdelan surtout. »

Callitriche verna Kutz. — Vaiv. II, 1 : « fossés. »

C. autumnalis L. — *Id.* — Le *C. hamulata* Kutz. à Arnas, Car. 280.

[**C. platycarpa** Kutz., **C. stagnalis** Scop. — ?]

Ceratophyllum demersum L. — Vaiv. I, 28 : « Bell; » II, 354.

C. submersum L. — Vaiv. I, 28 : « Bell. »; II, 355.

Lythrariées.

Lythrum Salicaria L. — Briss. 179 : « très commun au bord des ruisseaux de Juliénas, Chénas, etc. » — Vaiv. II, 143 ; *S. Phil.* 25 ; Gill. 5, etc.

L. Hyssopifolia L. — Vaiv. I, 13 : « Bell. »; II, 143 : « fossés de Saint-Lager, en allant au Fort-Michon. » A rechercher dans le Beaujolais où il n'a pas été indiqué depuis Vaivolet.

Peplis portula L. — Vaiv. II, 111.

Cucurbitacées.

Bryonia diœca L. — Vaiv. I, 29 ; II, 364 ; *S. Phil.* 20.

[**Ecbalium claterium** Rich. — Arnas, Denicé, Car. 285.]

Paronychiées.

Corrigiola littoralis L. — Vaiv. II, 94 ; cf. *S. Phil.* 26 ; Sargn. 105 ; Magn. 43, 44.

Herniaria glabra L. — Vaiv. II, 72 ; *S. Phil.* 18 ; Méhu p. XIII.

H. hirsuta L. — Vaiv. II, 72 ; *S. Phil.* 26.

Illecebrum verticillatum L. — Vaiv. II, 66 : « commun sur la montagne et la Roche d'Ajou ; » cf. Chenelette, St-Bonnet-sur-Montmelas, Car. 288 ; aussi sur les coteaux, l'erratique, à Denicé, la Chassagne, Car. 288, Magn. 45, 49.

(Polycarpum tetraphyllum L. — Vaiv. II, 32. ?)

Scleranthus annuus L. — Vaiv. I, 11 : « Bell. » ; II, 129 ; *S. Phil.* 18.

Scl. perennis L. — Vaiv. I, 11 : « Bell. » ; II, 129 ; Beaujolais granitique, Sargn. 105, *S. Phil.* 26, Gill. 14, Magn. 37, 42, 44.

PORTULACÉES.

Portulaca oleracea L. — Vaiv. II, 143 ; *S. Phil.* 21.

Montia fontana L. — Vaiv. II, 31 : « commune à Rignié et sur toutes nos montagnes ; » les deux sous-espèces, *M. minor* Gmel. et *M. rivularis* Gmel., doivent se retrouver dans tout le Beaujolais siliceux, bien que Cariot n'indique aucune localité pour cette région.

CRASSULACÉES.

[**Crassula rubens** L. — Coteaux, vignoble, etc., *S. Phil.* 21, Gill. 5, Magn. 44, Car. 291, etc.]

Sedum Telephium L. — Vaiv. II, 136.

S. Fabaria Koch. — Cf. *S. purpureum* Vaiv. I, 12 : « Bell. »

[**S. maximum** Suter. — Beaujolais granitique, St-L.]

S. Cepæa L. — Vaiv. I, 12 : « Bell. » ; II, 137 ; vignes, Gill. 5.

S. acre L. — Vaiv. II, 138 ; *S. Phil.* 21.

S. sexangulare L. — Vaiv. II, 138 ; Alix, Car. 294.

S. reflexum L. — Vaiv. I, 12 : « Bell. » ; II, 136 ; *S. phil.* 21.
Var. *rupestre* L. — Vaiv. II, 137 ; cf. Car. 295.

[**S. elegans** Lej. — St-Bonnet-sur-Montmelas, Grogn. in Gill. 17 ; le Beaujolais granitique, St-L. 278 ; Car. 295 ; Magn. 37, 43.]
Var. *aureum* Wirtg. — Sommet de la Roche-d'Ajou, Sargn. 106 ; Car. 295 ; F. Morel, *S. bot. Lyon*, 1884, Pr. verb., p. 80.]

Sedum album L.—Briss. 168; Vaiv. I, 12; II, 137; *S. Phil.* 21.

S. dasyphyllum L. — Vaiv. I, 12 : « Bell. » ; II, 136.

S. villosum L. — Vaiv. I, 12 : « Bell. » ; II, 138 : « près de la Carelle et de Chênelettes ; » cf. Chênelette, Sargn. 106 ; Arnas, Beaujeu, Chénas, Vauxrenard, Car. 296 ; Beaujolais granitique, St-L. 274, Magn. 39, 43, 50.

Sempervivum tectorum L. — Vaiv. II, 149.

Umbilicus pendulinus DC. — Vaiv. I, 12 : « Bell. » ; II, 136 : « commun à Tournon ; sur les rochers au bas de l'ancien chapitre de Beaujeu ; » — Claveyzolles (mur avoisinant une fontaine à) Durieu de Vitrie in Gill. 15 ; murs avoisinant une fontaine à Nuelles, Magn. 50 ; Bully, Car. 298 ; les localités de Beaujeu, Claveyzolles et Nuelles ne sont pas mentionnées dans Cariot.

GROSSULARIÉES.

Ribes Uva-crispa L. — Vaiv. II, 65 ; *S. Phil.* 11.

R. alpinum L. — Vaiv. I, 6 : « Torvéon ; dioicum ; » II, 66 : « dioicum ; sommet de Torvéon ; » cf. Tourvéon, Gill. 16 ; la Roche d'Ajou, Grogn. in Gill. 18 ; — Chatoux, *S. Phil.* 13 ; montagnes du Beaujolais, Car. 299, St-L. 282, Magn. 38. — Cette espèce est en effet souvent dioïque.

R. rubrum L. — Vaiv. II, 66 : « tout le long de l'Ardière, entre Lapierre et St-Ennemond ; » *S. Phil.* 11.

R. petræum Wulf. — Vaiv. I, 6 : « M. Ajou ; » II, 66 : « aux pieds de la Roche d'Ajou ; » cf. Sargn. 106, Magn. 38 ; mont. du Beaujolais, St-L. 283, Car. 300.

SAXIFRAGACÉES.

Saxifraga tridactylites L. — Vaiv. I, 11 : « Bell. ; » II, 130 : « sur nos toits ; » *S. Phil.* 9.

S. granulata L. — Vaiv. I, 11 : « Bell. » ; II, 131 : « bois de Brouilli et de la Chaize ; » coteaux et basse-montagne, *S. Phil.* 14, Gill. 6.

Chrysosplenium oppositifolium L. — Vaiv. II, 130 : « Ajou et forêt de Couroux, à Poule ; » — Chiroubles, etc. Magn. 503 ; Beaujolais granitique, St-L. 295.

C. alternifolium L. — Vaiv. I, 11 : « Bell. » ; II, 130 : « forêt de Couroux, mêlé avec le précédent ; » — Beaujolais granitique, St-L. 295.

OMBELLIFÈRES.

(Turgenia latifolia Hoffm. — Vaiv. II, 75 ? champs du Beaujolais calcaire ?)

[**Caucalis daucoldes** L. — Dispersion à étudier.]

C. leptophylla L. — Vaiv. II, 75 ; Cogny, Car. 309.

Torilis Anthriscus Gmel. — Vaiv. I, 7 : « Bell. » ; II, 74 : « autour de ma maison ; » S. *Phil.* 24, Gill. 6, etc.

[**T. arvensis** Gren. — Beaujolais méridional, S. *Phil.* 24 ; dispersion à étudier, cf. Thurmann, p. 113.]

T. nodosa Gærtn. — Vaiv. I, 7 : « Bell. » ; II, 74 : « trouvé dans le voisinage de Jasseron ; » (= hameau entre Cercié et Belleville) ; pas d'indications beaujolaises dans Cariot.

Daucus Carota L. — Vaiv. II, 75 : S. *Phil.* 22. — La var. *exigua* Hoffm., commune à l'automne, dans les prés secs, Gill. 8.

(Orlaya grandiflora Hoffm. — Vaiv. II, 75 ? moissons calcaires ?)

Selinum Carvifolia L. — Vaiv. I, 7 : « Bell. » ; II, 76 ; — à rechercher dans le Haut-Beaujolais, où Cariot ne l'indique pas (p. 113) ; il se trouve dans la partie siliceuse du département de Saône-et-Loire.

Angelica silvestris L. — Vaiv. II, 80 : « Ajou ; toutes nos montagnes ; le long de l'Ardière. » S. *Phil.* 24.

(Peucedanum officinale L. — Vaiv. II, 78 : « dans nos bois, rare. »)

P. parisiense DC. — Vaiv. I, 7 : *P. gallicum*, « nommé *parisiense* » ; II, 78 : « dans les bois de Pizai, de *Briante* (1), d'Eloi au nord du château de la *Plume* (2), il existe une espèce abondante. Persoon *Syn.* en fait un *Peucedanum gallicum flore albo.* Jussieu nous atteste que tous les *Peucedanum* sont *flore luteo.* En général, les *Peucedanum* ont une odeur excessivement forte. La plupart sont employés dans les pharmacies. J'ai cueilli et examiné avec soin quelques centaines de ces prétendus *Peucedanum flore albo*, je suis resté convaincu que cette espèce, *inodore* pour ainsi dire, à fleur blanche, approche infini-

---

(1) A 1 kilomètre au N.-E. de Saint-Lager.
(2) Près de la route, entre Cercié et Belleville.

ment plus des *Selinum* que des *Peucedanum*. Pour épargner aux herboristes et aux malades des méprises dangereuses, je serai d'avis de faire de cette belle plante un *Selinum peucedanoides*. Tout rentrerait dans l'ordre, et les principes seraient respectés. » — Pour la dispersion de cette espèce dans le Beaujolais siliceux, voy. CAR. 315, ST-LAG. 304, MAGN. 42, 241, etc.

P. Cervaria L. — VAIV. I, 7 : « Bell. » ; II, 77 : « *Athamanta cervaria*, commun au bas de Brouilli et dans les haies pierreuses de Saint-Lager ; » — coteaux calcaires, alluvions anciennes, à Pommiers, Limas, St-Julien-sur-Montmelas, Arnas, etc., *S. Phil.* 28, CAR. 315, MAGN. 46, 47, 48.

P. orcoselinum Mœnch. — VAIV. I, 7 : « Bell. » ; II, 78 (sub *Athamanta*) : « commun dans le bois de la Chaize ; (écrit. postér.) sur un rocher de Lantigné et des Ponchons ; » Villié, Chiroubles, etc., GILL. 12, 14.

P. palustre L. — VAIV. II, 77 (sub *Selino*) : « fossés de Bourdelan. » A rechercher.

Pastinaca pratensis Jord. — VAIV. (sub *P. silvestri*) I, 8 : « Bell. » ; II, 87 : « le long de l'Ardière et dans nos hayes à St-Lager. »

[**P. opaca** Bernh. — MÉHU, p. XIII ; *S. Phil.* 24 ; GILL. 6.]

Heracleum sphondylium L. — VAIV. II, 79 ; *S. Phil.* 22.

Tordylium maximum L. — VAIV. I, 7 : « Bell. » ; II, 74 : « autour de ma maison ; » pas de localités beaujolaises dans Cariot.

Silaus pratensis Bess. — VAIV. II, 78 (sub *Peucedano*) ; prés humides, *S. Phil.* 25, MÉHU p. XII, GILL. 5, etc.

(Seseli montanum L. — VAIV. II, 87 : « dans nos montagnes. » ?)

S. coloratum Ehrh. — VAIV. II, 87 (sub *S. annuo*)?)

S. Libanotis Koch. — VAIV. I, 7 : « Bell. Crêt-David ; » II, 77 (sub *Athamanta*) : « abondant au Crêt-David, dans son prolongement en sud-est. » C'est la première indication de cette espèce dans le Beaujolais, indication reproduite depuis par tous les floristes ; voy. CAR. 323, GILL. 14, MAGN. 42.

Æthusa Cynapium L. — VAIV. II, 83 : « commun. »

Fœniculum officinale L. — VAIV. II, 87 : « spontané dans nos fossés de vigne (sub *Anetho*). »

Œnanthe fistulosa L. — VAIV. I, 7 : «Bell.» ; II, 82 : « fossés
de Bourdelan ; » cf. *S. Phil.* 25, MÉHU p. XI.

Œ. peucedanifolia Poll. — VAIV. I, 7: (sub *Œ. Pollichi* Vaiv.)
« Bell. » ; II, 83 : « trop commune dans nos prés ; » Bourdelans, *S. Phil.* 18, MÉHU p. XI; Haut-Beaujolais, GILL. 5.

Œ. pimpinelloides L. — VAIV. I, 7 : « Bell. » ; II, 83 : «fossés
de Bourdelan ; » ? non indiqué dans *S. Phil.*, MÉHU, CAR.

Œ. Phellandrium L. — VAIV. I, 8 : « Bell. » ; II, 83 : «fossés
de Bourdelan et bief du Morgon près Villefranche ; » cf.
S. Phil. 25, MÉHU p. XI; pas indiqué dans Cariot.

(*Œ. crocata* L. — VAIV. II, 82 : « fossés de Bourdelan. » ? ?)

Bupleurum rotundifolium L. — VAIV. II, 74 : « trouvé plusieurs fois à Saint-Lager ; » — Alix, Rignié, CAR. 326.

[**B. tenuissimum** L. — St-Jean-d'Ardières, CAR. 327.)

[**B. Jacquinianum** Jord. — Bully, CAR. 327.]

B. falcatum L. — VAIV. II, 74 : « Pommiers et bois d'Alix ; »
cf. *S. Phil.* 28.

(**Trinia vulgaris** Hoffm. — VAIV. II, 89 (sub *Pimpinella
dioica*) : « dans nos bois ; » présence douteuse dans le
Beaujolais, si ce n'est dans la partie méridionale et calcaire ?)

Cicuta virosa L. — VAIV. I, 8 : « Bell. » ; II, 83 : « fossés de
Bourdelan ; » n'y est pas indiqué dans *S. Phil.*, MÉHU,
CAR.

Helosciadium nodiflorum Koch. — VAIV. II, 81 : « fossés de
Bourdelan ; » cf. fossés de Saint-Fonds (près Villefranche),
S. Phil. 19 ; Chênelette, GROGN. in GILL. 17.

[**H. repens** Koch. — Env. de Villefranche, *Soc. Phil.* 32 ; La
Chassagne, CAR. 331.]

H. inundatum Koch. — VAIV. II, 81 : « prés marécageux et
fossés de Chênelettes ; » pas indiqué dans Cariot.

Ægopodium Podagraria L. — VAIV. II, 91 : « le long de
l'Ardière ; » — Chênelette, Roche-d'Ajou, GROGN. in
GILL. 15, 18 ; adventice, GILL. 18 ; alluvions de la Saône,
MAGN. 52, *S. Phil.* 25.

[**Carum Carvi** L. — VAIV. (II, 88) dit seulement : « un pré
entier à Touleau, » qui est une montagne du Dauphiné.]

Pimpinella magna L. — VAIV. I, 8 ; « Bell. » ; II, 89 : «bois
de Montlong à Ouroux ; » le Beaujolais, ST-L. 322,
CAR. 332.

Pimpinella saxifraga L. — Vaiv. I, 8 : « Bell. » ; II, 88 : « com. » ; *S. Phil.* 28, Gill. 14 ; — la var. *alpestris*, au Tourvéon, Car. 333.

 (Vaiv. II, 89, indique encore un *P. glauca* dans les bois ?)

[**Conopodium denudatum** Koch. — Roche d'Ajou, etc. Car. 333, Magn. 38.]

[**Ammi majus** L. — Environs de Villefranche, *S. Phil.* 25, Méhu p. xiii ; aucune localité beaujolaise dans Cariot.]

Sison amomum L. — Vaiv. II, 81 : « trouvé deux fois dans les champs à St-Lager ; » Arnas, Alix, Car. 333.

Bunium Bulbocastanum L. — Vaiv. I, 7 : « Bell. » ; II, 76 : « *majus* et *minus*. Ajou, Azolette et Chênelette ; » pas de localités beaujolaises dans Cariot.

B. verticillatum Gr. et God. — Vaiv. II, 81 (sub *Sison*) : « Ajou et prés marécageux de la Carelle ; » le Beaujolais granitique, Roche d'Ajou, etc. *S. Phil.* 29 ; St-L. 323.

Sium latifolium L. — Vaiv. II, 81 : « fossés de Bourdelan ; » cf. *S. Phil.* 25, Méhu p. xi.

S. angustifolium L. — Vaiv. II, 81 : « fossés de Bourdelan. » (*Apium graveolens* L. — Vaiv. II, 90 : « fossés de Bourdelan. » ?)

Scandix pecten L. — Vaiv. II, 85 ; *S. Phil.* 15.

Anthriscus vulgaris Pers. — Vaiv. I, 8 : « Bell. » ; II, 85 : « en Beaujolais ; » *S. Phil.* 18.

A. silvestris Hoffm. — Vaiv. II, 86 (sub *Chœrophyllo*).

Chœrophyllum temulum L. — Vaiv. I, 8 ; II, 86 ; *S. Phil.* 21, etc.

Conium maculatum L. — Briss. 164 : « fréquent aux environs de Villefranche et dans les verchères de la montagne ; » — Vaiv. I, 7 : « Bell. » ; II, 76 : « cimetière de Cercié et ses environs ; à la porte du Chapital près Beaujeu ; dans les environs de Villefranche et vis-à-vis l'hôpital de Beaujeu ; » cf. Gill. 7 ; Pommiers, Arnas, Beaujeu, Car. 340.

Hydrocotyle vulgaris L. — Vaiv. II, 73 : « fossés de Bourdelan ; » indiqué ni dans *S. Phil.*, ni dans Méhu, ni dans Car.

Sanicula europæa L. — Vaiv. I, 7 : « Bell. » ; II, 73 : « commun dans les bois de la Chaize et de la Carelle ; » — Briss. 156 : « vers St-Apollinard ; » — bois de Châlier *S. Phil.* 15 ; tous les bois ombragés.

Eryngium campestre L. — Vaiv. II, 73 ; *S. Phil.* 24.

Caprifoliacées.

Adoxa moschatellina L. — Vaiv. I, 11 : « Bell. » ; II, 124 :
« dans toutes nos montagnes, au Crêt-David ; » surtout
les vallons humides, Anse, Vauxrenard, Car. 345, Magn·
50.

Sambucus Ebulus L. — Briss. 165 : « fréquent sur les berges
de Villefranche à Anse, et aux environs, vers la Saône ; »
Vaiv. II, 93 : « dans les carrières de St-Lager ; » *S. Phil.*
22, etc.

S. nigra L. — Vaiv. II, 92 ; *S. Phil.* 22, etc.

S. racemosa L. — Briss. 165 : « commun dans les bois des
Molières ; » — Vaiv. II, 93 : « sur Torvéon et Ajou ; »
toute la zone montagneuse, St-Cyr-de-Chatou, Saint-
Bonnet-sur-Montmelas, Tourvéon, Roche-d'Ajou, St-
Rigaud, etc.; voy. *S. Phil.* 13, Sargn. 106, Grogn. in
Gill. 18, St-L. 336, Car. 345, Magn. 38, 43, etc.

Viburnum Lantana L. — Vaiv. II, 91 ; *S. Phil.* 12, 32,
etc.

V. Opulus L.— Briss. 156 : « entre Amplepuis et Ronno ; » —
Vaiv. II, 92; *S. Phil.* 15, 31, etc.

Lonicera periclymenum L. — Vaiv. II, 63 ; *S. Phil.* 21, etc.
— Vaivolet, II, 63, indique une « var. β *quercifolia*,
foliis sinuosis, dans le bois de Montlong à Ouroux et à
la Carelle. »

L. xylosteum L. — Briss. 155 : « entre Tarare et Pont-
charra ; » — Vaiv. II, 63 ; *S. Phil.* 12, etc.

L. nigra L. — Vaiv. I, 6 : « Bell. » ; II, 63 : « *bis.* Torvéon
et forêt de Couroux » ; cf. Roche-d'Ajou, Sargn. 106,
S. *Phil.* 29, Car. 347.

   (Vaivolet ajoute, II, 63 (cf. I, 6 : *alpigena.* Bell.) :
« J'en ai anciennement trouvé un autre, dans la forêt de
Couroux, que je soupçonne l'*alpigena* ; je le vérifierai
par la suite »).

Hédéracées.

Hedera Helix L. — Vaiv. II, 66 ; *S. Phil.* 10.

Cornus sanguinea L. — Vaiv. II, 41 ; *S. Phil.* 17, 31.

C. mas L. — Vaiv. II, 40 ? ; certainement dans le Beaujolais

calcaire, bois de Châlier, *S. Phil.* 8, 32 ; Alix, Arnas,
Liergues, CAR. 349.

LORANTHACÉES.

Viscum album L. — VAIV. II, 371.

RUBIACÉES.

Sherardia arvensis L. — VAIV. II, 39.

Asperula odorata L. — VAIV. II, 39 ; St-Bonnet-sur-Montmelas, GROGN. in GILL. 17 ; bois de Montout, GILL.
15, etc.

A. cynanchica L. — VAIV. II, 39; *S. Phil.* 19.

(A. arvensis L. — VAIV. II, 39.)

Crucianella angustifolia L. — VAIV. II, 39 (sub *C. monspeliaca*) : « à Odenas et dans une terre entre le chemin
de Poyebadeau (1) et la grande allée de la Chaize ; trou-
vai d'abord (là), et depuis à Lantignié ; trouvé depuis
constamment. » — Bien que Vaivolet dise, à propos du *C.
angustifolia* L. « je ne le connais point, » il est probable que c'est bien cette espèce, et non le *C. monspeliaca*,
qui a été signalée dans plusieurs localités du département du Rhône, à Cogny, à Lantigné, etc.; cf. CAR.
352.

(Rubia tinctorum L. — VAIV. II, 37 : « haies au bas de
Brouilli, à Saint-Lager ; » — Anse, CAR. 353 ; subspontanée ?)

R. peregrina L.— VAIV. II, 37 : « trouvé dans le bois au nord
du château de Theizé ; » — coteaux du Beaujolais calcaire, Theizé, Châlier, etc., voy. *S. Phil.* 22, MAGN. !

Galium Cruciata Scop. — VAIV. II, 384 ; *S. Phil.* 12.

[G. rotundifolium L. — Pic de la Sévelette ; Chênelette ;
Sr-LAG. 340, CAR. 354.]

G. verum L. — VAIV. II, 38 ; *S. Phil.* 14.

G. silvaticum L. — VAIV. II, 38.

G. Mollugo L.— VAIV. II, 38 ; la dispersion des diverses formes,
G. elatum Thuill., *dumetorum* Jord., *erectum* Huds.,
album Lamk., n'a pas été étudiée dans le Beau-

---

(1) A deux kilom. au nord d'Odenas.

jolais ; Gill. 6, signale cependant l'*album ; S. Phil.* 20
l'*erectum*, etc.

[**Galium corrudæfolium** Vill. — Atteindrait le Beaujolais
méridional, à Arnas, Car. 357?]

[**G. silvestre** Poll. — Bois, Gill. 15, Magn. 38, 42.]

G. saxatile L. — Vaiv. II, 37; toute la zone montàgneuse
et granitique, Chatoux, Tourvéon, Ajou, St-Rigaud,
Vauxrenard, Sargn. 105, Gill. 16, St-L. 347, Magn. 37,
Car. 362, etc.

G. palustre L. — Vaiv. II, 37 ; Gill. 5 ; *S. Phil.* 22 ; Méhu
p. xii.

G. uliginosum L. — Vaiv. II, 37 ; fossés de la plaine beaujolaise, Gill. 5.

[**G. ruricolum** Jord. — Cogny, Car. 364.]

G. aparine L. — Vaiv. II, 39 ; *S. Phil.* 15.

[**G. tricorne** With. — Cogny, Car. 365.]

(Vaivolet indique encore les *G. silvaticum, G. aristatum* « trouvé
à Régnié, » qu'il est difficile de rapporter aux types modernes.

Valérianées.

[**Centranthus Calcitrapa** L. — Alix, Bourdin in Car. 366.]

[**Valerianella olitoria** Poll. — *S. phil.* 12.]

[**V. carinata** Lois. — Gill. 8. — Vaiv. II, 12, ne mentionne
que le *V. locusta* ; mais les Valérianelles précédentes
doivent se retrouver dans la plus grande partie de la
plaine et des coteaux du Beaujolais, ainsi que le *V. auricula* DC.]

Valeriana officinalis L. — Vaiv. II, 11 : « tous nos bois ; »
Briss. 162 : « très com. près du très beau château de la
Roche ; » *S. Phil.* 14, etc.

V. diœca L. — Vaiv. II, 12 : « prairies humides ; prés de Chenelettes ; » cf. Grogn. in Gill. 17.

Dipsacées.

Dipsacus silvestris L. — Vaiv. II, 33 : « commun. »
S. Phil. 24.

(**D. laciniatus** L. — Vaiv. II, 33.)

D. pilosus L. — Vaiv. II, 33 : « à St-Ennemond, une lieue
au soir de Belleville ; fossés des prairies de Neuville,
proche Villefranche ; » en général, les vallons frais de la

Morgon, à Gleizé, Chervinges, Liergues, — du Marverand, à Arnas, — de l'Ardière, à Quincié, Marchampt,
— de l'Azergue, à Bully, l'Arbresle, etc. ; voy.
S. Phil. 24, GILL. 5, 12, CAR. 372, ST-L. 359, MAGN.
50, 51.

Scabiosa arvensis L. — VAIV. II, 34; *S. Phil.* 24.

S. cuspidata Jord. — VAIV. II, 34 (sub *S. silvatica*) : « bois
de nos montagnes » ; cette espèce doit se retrouver dans
toute la zone montagneuse, d'où elle descend à Givors
et Arnas, CAR. 374 ; c'est elle aussi que Gilibert indique
à St-Bonnet-le-Froid sous le nom de *Sc. silvatica (Hist.
pl. Eur.* 1798, t. I, p. 34.)

S. succisa L. — VAIV. II, 34 ; *S. Phil.* 31.

S. columbaria L. — VAIV. II, 35.

[**S. patens** Jord. — Zone montagneuse, GILL. 14.]

GLOBULARIÉES.

Globularia vulgaris L. — VAIV. II, 33 : «(anc. écrit.) je ne
l'ai pas encore rencontrée en Beaujolais ; je la tiens du
Mâconnais ; — (écrit. postérieure) depuis je l'ai trouvée
commune dans les vierres de Pommiers, proche Villefranche. » Cette espèce manque en effet aux Lyonnais et
Beaujolais granitiques et ne se trouve que dans le Beaujolais calcaire, à la Chassagne, puis dans le Mont-d'Or,
les Coteaux du Rhône, le Mâconnais calcaire, le
Bugey, etc. Il faut donc corriger les flores locales dans
ce sens.

COMPOSÉES.

Cirsium lanceolatum Scop. — VAIV. I, 23 ; II, 293 ; *S. Phil.*
23.

C. eriophorum Scop. — VAIV. I, 23 ; II, 295 : « le long de
l'Ardière ; à la Carelle. »

C. palustre Scop. — VAIV. I, 23 ; II, 294 : « étangs de Pierreux
et de la Chaize ; » — de Chênelette à la Roche d'Ajou,
S. Phil. 29, GILL. 14. — Var. *B. torphacea* Gr. God.,
Arnas, CAR. 381.

C. oleraceum Scop. — VAIV. I, 23 : « Bell. » ; II, 290 : « dans
les prés de nos montagnes ; » Cariot ne l'y indique pas.

C. acaule All. — VAIV. I, 23 : « Bell. » ; II, 295 : « dans nos

charroirs de vignes ; » cf. *S. Phil.* 28, avec la var. *cau-
lescens* ; surtout dans le Beaujolais calcaire.

[**Cirsium anglicum** L. — Au-dessous de la Roche d'Ajou,
Fray ; Amplepuis, Car. 384 ; cf. régions siliceuses voisines, le Morvan, St-L. 417.]

C. bulbosum DC. — Vaiv. II, 295 (sub *Carduo tuberoso ?*) :
« le long de l'Ardière ; » cf. Car. 384, qui ne l'indique
dans le Rhône qu'à Saint-Romain-au-Mont-d'Or et à
Yvour.

C. arvense Scop. — Vaiv. II, 296 (sub *Serratula*) : « trop
commun et nuisible ; » S. *Phil.* 23.

Carlina acaulis L. — Vaiv. I, 23 : « Bell. » ; II, 290 : « Saburin ; » probablement tout le Beaujolais calcaire, bien
que Cariot ne l'y indique pas.

C. vulgaris L. — Vaiv. I, 23 ; II, 290 ; S. *Phil.* 28 ; Gill.
14.

Centaurea Crupina L. — Vaiv. II, 320 : « je ne l'ai trouvé
qu'une seule fois, à St-Lager. »

C. Jacea L. — Vaiv. I, 25 ; II, 323 : « trop commun ; » S. *Phil.*
20 ; Gill. 5 ; — Cariot indique la *var.* b *cuculligera*
Rchb. à Liergues, vers le pont de Chervinges et une *var.*
c *lineaia* Gdgr. sur le pic de St-Cyr-de-Chatoux
(Mlle Carriez.)

[**C. Duboisii** Bor. — Mont Buisanthe, *S. Phil.* 31.]

[**C. amara** L. — Arnas, Dénicé, Car. 389 ; ainsi que la forme
C. serotina Bor.; cf. Denicé, St-Julien-sur-Montmelas,
St-L. 423.]

C. nigra L. — Vaiv. I, 25 : « Bell. » ; II, 321 : « commun en
Brouilli, la Chaize et nos montagnes ; » — les deux sous-
espèces *nemoralis* Jord. et *obscura* Jord., ont été observées dans le Beaujolais :

C. nemoralis Jord., assez commune dans le Rhône,
Car. 389 ; au St-Rigaud, *S. Phil.* 27, Sargn. 106.

C. obscura Jord. (*nigra* L.), à Bully, sur le pic de la
Sevelette, à Aujoux, Car. 389 ; au St-Rigaud, *S. Phil.*
27 ; montagnes du Beaujolais, St-L. 423.

(**C. alba** L. — Vaiv. II, 323 : « forêt de la Carelle ; » c'est une
plante d'Italie qu'on n'observe que subspontanée dans
nos régions.)

[**C. tubulosa** Chab. — Arnas, Car. 390.]

[**Centaurea decipiens** Thuill. — Saint-Julien-sur-Montmelas, Car. 390.]

[**C. microptilon** Gr. God. — Fleurie, Gill. 12.]

C. Cyanus L. — Vaiv. I, 25 ; II, 322 ; *S. Phil.* 20.

C. scabiosa L. — Vaiv. I, 25; II, 322 : « champs de Belleville; » *S. Phil.* 20.

C. paniculata L. — Vaiv. I, 25 : « Bell. »; II, 322 : « bois de Châlier ; » ne dépasse pas le Beaujolais méridional et calcaire ; cf. Limas, *S. Phil.* 28 ; Bourdelans, Méhu p. xiii ; *var.* b *congesta*, Pommiers à Buisanthe, Gandog. in Car. 394.

[**C. aspera** L. — Arnas, Gdgr. in Car. 396.]

C. solstitialis L. — Vaiv. II, 324 : « trouvé à St-Ennemond ; » environs de Villefranche, *S. Phil.* 25 ; Arnas, Car. 396 ; plaine alluviale du Haut-Beaujolais, Gill. 10.

C. calcitrapa L. — Vaiv. I, 25 : « Bell. » ; II, 324 : « partout; » *S. Phil.* 23.

[**C. prætermissa** De Mart.-Dron. — Arnas, Gdgr. in Car. 397.]

[**Kentrophyllum lanatum** Duby. — Beaujolais méridional et calcaire, massif d'Oncin, à Nuelles, Magn.! ; Bully, Car. 398.]

[**Carduus tenuiflorus** Curt. — *S. Phil.* 24.]

C. nutans L. — Vaiv. I, 23 ; II, 293; *S. Phil.* 23.
La *var.* b *simplex* Coss. et Germ., entre Gleizé et Pommiers, Gdgr. in Car. 400.

C. crispus L. — Vaiv. I, 23 ; II, 294 ; *S. Phil.* 26.

Sylibum Marianum Gærtn. — Vaiv. I, 23 : « Bell. » ; II, 294 : « dans les environs de Villefranche et autour des maisons canoniales de l'ancien chapitre de Beaujeu. »

Onopordum acanthium L. — Vaiv. I, 23 « Bell. » ; II, 295 : « proche le bourg de St-Lager ; » env. de Villefranche, *S. Phil.* 23, Méhu p. xiii.

Serratula tinctoria L. — Vaiv. II, 296 : « dans les bois de Châlier, près de Villefranche; » cf. env. de Villefranche, *S. Phil.* 25, Méhu p. xii.

Lappa minor L. — Vaiv. II, 292; *S. Phil.* 24.

[**Xeranthemum inapertum** Willd. — Beaujolais méridional, entre Cogny et St-Cyr-de-Chatoux, Car. 407. — Dans le *Chloris*, I, 23, Vaivolet a bien mis : « Bell. », mais dans II, 304, on ne trouve plus que « coteaux du Rhône et à Millery. »]

Gnaphalium diœcum L. — Vaiv. I, 23 : « Bell. » ; II, 304 : « au matin de la forêt de Couroux, à Poule ; » montagnes du Beaujolais, Car. 409, St-L. 410.

G. luteo-album L. — Vaiv. II, 304 : « terres de Bourdelan ; » — St-Bonnet-sur-Montmelas, S. *Phil.* 26.

G. silvaticum L. — Vaiv. I, 23 : « Bell. » ; II, 305 : « à Ajou et dans les forêts de Couroux et de la Carelle ; » — Amplepuis, Arnas, Pics de la Sévelette et de St-Bonnet, Cercié, Car. 409 ; Quincié, Beaujeu, Avenas, Gill. 12 ; Roche-d'Ajou, Magn. ! ; St-Rigaud, S. *Phil.* 27 ; chaînes du Beaujolais, en général, Magn. 39 ; St-L. 408.

(*G. norwegicum* Gunn. — Pic de St-Bonnet-sur-Montmelas, Car. 410.)

G. uliginosum L. — Vaiv. II, 305 : « prairies de Chênelette. »

[**Filago spathulata** Presl. — Alluvions et coteaux calcaires du Beaujolais, Magn. 45 ; cf. St-Jean-d'Ardières, Car. 411 ; zone montagneuse, St-Bonnet-sur-Montmelas, Car. id.; Gill. 14.]

F. germanica L. — Vaiv. I, 25 : « Bell. » ; II, 325. — Les deux formes, *F. lutescens* Jord. et *F. canescens* Jord., se trouvent dans les champs siliceux ; cf. Gill. 5 ; S. *Phil.* 25, 26.

F. montana L. — Vaiv. I, 25 : « Bell. » ; II, 325. — Champs siliceux des coteaux et de la montagne : cf. Magn. 37, 42 ; Gill. 14 ; S. *Phil.* 26.

F. gallica L. — Vaiv. I, 25 : « Bell. »; II, 325. — Champs siliceux.

F. arvensis L. — Vaiv. I, 25 : « Bell. » ; II, 325. — Champs siliceux ; cf. Gill. 11.

Eupatorium cannabinum L. — Briss. 180 : « le long des ruisseaux et dans les cours ; » — Vaiv. II, 297 : « le long des biefs de l'Ardière. » — S. *Phil.* 24.

Tussilago Farfara L. — Vaiv. II, 314. — S. *Phil.* 9.

T. Petasites L. — Vaiv. I, 24 : « Bell. »; II, 314 : « à Odenas ; » — Arnas, Liergues, Car. 414 ; le *T. riparia* Jord. à Gleizé, S. *Phil.* 8.

[**Tanacetum vulgare** L. — Vaiv. II, 302 : « je ne l'ai pas trouvé

dans les champs ; » cependant alluvions et bords de la
Saône ! Lacroix, Magn. 52 ; Bourdelans, Méhu p. xi,
S. Phil. 25.]

(*Artemisia camphorata* Vill., var. *virgata* Jord. et Fourr.,
à Arnas, in Car. 417?)

A. campestris L. — Briss. 174 : « commune aux environs de
Villefranche, près du château de Belleroche ; » — Vaiv.
I, 23 : « Bell. » ; II, 299 : « com. dans les terres de
St-Pierre-le-Vieux ; » dispersion à étudier dans la vallée
de la Saône et la partie septentrionale du Beaujolais !

A. vulgaris L. — Vaiv. I, 23 : « Bell. » ; II, 301 : « le long de
l'Ardière ; » — *S. Phil.* 25.

[**Micropus erectus** L. — Cogny, Arnas, Car. 421 ; Vaivolet
(II, 326) ne l'indique qu' « à Tournon. »]

Bidens tripartita L. — Vaiv. I, 23 : « Bell. » ; II, 298 :
« dans les fossés de Bourdelan ; » — *S. Phil.* 28.

B. cernua L. — Vaiv. II, 298 : « sur les rives de la Saône. » —
Le *B. minima* L., var. naine de ces espèces, est aussi
mentionné par Vaiv. I, 23 : « Bell. » ; II, 298 ; cf. Car.
422.

Erigeron canadensis L. — Vaiv. II, 311 : « dans toutes nos
vignes ; » cf. *S. Phil.* 25, Gill. 10, etc.

E. acris L. — Vaiv. I, 24 ; II, 311 ; — *S. Phil.* 31.

Solidago Virga-aurea L. — Vaiv. I, 24 ; II, 312 ; — Gill. 15,
S. Phil. 28.

[**S. monticola** Jord. — St-Bonnet-sur-Montmelas, Car. 425.]

[**S. glabra** Desf. — Bords de la Saône, de l'Ardière, etc., St-L.
369, Car. 425, Magn. 52, Gill. 5, 10.]

Aster amellus L. — Vaiv. II, 315 ; Beaujolais calcaire ?
(Les *A. Novi-Belgii* DC, *brumalis* Nees, *Novæ-Angliæ*
Aït., etc., quelquefois subspontanés sur les bords de la
Saône, Gill. 11, St-L. 374, Car. 426.)

Senecio vulgaris L. — Vaiv. II, 312 ; *S. Phil.* 9.

. **viscosus** L. — Vaiv. I, 24 : « Bell. » ; II, 313 : « c. dans les
bois de la Chaize et à Ajou ; la Carelle ; » — surtout dans
les coteaux et la zone montagneuse, St-Bonnet-sur-
Montmelas, *S. Phil.* 26 ; St-Cyr-de-Chatoux, Magn. ! etc.

S. silvaticus L. — Vaiv. II, 313 : « forêt de Couroux, de la
Carelle et à Ajou ; » cf. St-Rigaud, Sargn. 105, Car.
428 ; Roche d'Ajou, *S. Phil.* 29 ; St-Bonnet-sur-Mont-

melas, Car. *id.*; ch. granitiques du Beaujolais, St-L.
380.

[**Senecio adonidifolius** Lois. — St-Rigaud et Tourvéon,
Sargn. 105, 106 ; *S. Phil.* 27 ; St-L. 381 ; Car. 428.]

S. crucæfolius L. — Vaiv. I, 24 : « Bell. »; II, 313 : « dans
les prairies le long de l'Ardière ; » cf. prairies des bords
de la Saône, Gill. 2 ; environs de Villefranche, Bourdelans, *S. Phil.* 31, Méhu p. xii ; des formes *autumnalis* et *arnassensis* Gdgr. indiquées à Arnas, Car.
429.

S. Jacobæa L. — Vaiv. II, 213 ; *S. Phil.* 14.

(**S. nemorosus** Jord. — A rechercher ?)

[**S. aquaticus** Huds. — Bourdelans, Méhu p. xii ; la forme
S. barbareæfolius Rchb. (*S. pratensis* Bor.), sur les
bords de la Saône, Gill. 2.]

[**S. erraticus** Bertol. — Bourdelans, Arnas, *S. Phil.* 25, Car.
430.]

S. paludosus L. — Vaiv. I, 24 : « Bell. » ; II, 313 : « fossés
de Bourdelan ; » cf. Méhu p. xii ; Anse, Arnas, Car.
431.

S. Fuchsii Gmel. — Vaiv. (sub *S. sarracenico*) I, 24 : « Bell. » ;
II, 313 : « *bis*, superbe espèce à Ajou ; la Carelle ; » c'est
la première indication de cette plante dans le Beaujolais ;
depuis on l'a signalée à Avenas, Vauxrenard, Saint-
Rigaud, Roche-d'Ajou, Chênelette, etc. *S. Phil.* 27 ;
Gill. 12, 15, 18 ; Car. 432 ; le Haut-Beaujolais en général, St-L. 383 ; Magn. 39, etc.

(*S. cacaliaster* Lamk. — A Saint-Rigaud, d'après Carion et
Grogniot ; voy. sur cette question Gill. 18 ; St-L. 384.)

[**Arnica montana** L. — Montagnes du Beaujolais, St-L. 379,
Car. 434 ; Vaiv. dit (II, 316) : « je ne l'ai vu qu'au
Pilat. »]

Doronicum austriacum Jacq. — Vaiv. (sub *D. Pardal.*) I,
24 : « Bell. » ; II, 317 : « commun dans les bois de la
Chaize, à Ouroux ; forêt de Grosbois ; dans un petit pré à
mi-coteau, à quelque distance en soir de Bourg-de-
Saint-Pierre. » Cf. Roche-d'Ajou et autres montagnes du
Haut-Beaujolais, Car. 436, St-L. 377.

C'est au sujet du *D. austriacum* qu'on lit dans Balbis
(*Fl. lyon.* I, p. 390) la note suivante : « *D. austriacum*

Willd., *D. pardalianches* Latourr., Gilib., etc.; cette plante avait été confondue par les auteurs lyonnais avec l'espèce précédente (*sic* probablement pour *suivante!*) : M. Vaivolet, botaniste distingué, a, le premier, relevé cette erreur. »

D. pardalianches L. — Vaivolet paraît avoir aussi observé le *D. pardalianches* L. dans le Beaujolais ; cette espèce a, du reste, été signalée non loin de là, dans les environs de Cluny (voy. St-L. 376), à Prusilly (Boullu, *S. b. Lyon*, t. VIII, p. 332) et dans les monts du Lyonnais à Violay et Panissières (Car. 436).

On lit, en effet, dans les notes manuscrites de l'*Hist. des plantes*, II, 317, les lignes suivantes qui paraissent se rapporter à deux espèces de *Doronicum* :

« N° 1162. *Doronicum pardalianches* Lin. B. — Commun dans les bois de la Chaize ; à Ouroux ; forêt de Grosbois, etc... *D. latifolium* Clus. p. 16 ; *D. radice scorpii* Bauh. pin. 184 ; *Dor. scorpioides* Willd.

Bis. Doron. pardalianches Lin. spec. et hort. Cliff. ; *Doron. 7 austriacum* 3 Clus. p. 19. *D. austriacum* de tous nos modernes créateurs d'espèces souvent inutiles.

Cette superbe espèce, si bien déterminée par notre grand maître, est au Pilat, je l'y ai cueillie ; Villart aussi ; c'est le seul *Doron. pardalianches* L.

Cette espèce étant au Pilat et peut-être dans cent forêts de l'Europe n'est point particulière à l'Autriche ; elle ne pouvait donc être nommée *austriacum*. »

Inula conyza DC. — Vaiv. II, 303 (*Conyza squarr.*) : « bois de la Chaize et de la Carelle ; à Régnié, Saint-Lager ; » *S. Phil.* 28.

I. graveolens Desf. — Vaiv. I, 24 ; II, 311 (*Erigeron*) ; — Cercié, Gill. 12. Pas de localités beaujolaises dans Car. 437.

[**I. Brittanica** L. — Vaiv. II, 309 : « je ne la connais que par la figure. ; » — cependant, bords de la Saône, à Bourdelans, *S. Phil* 25, Méhu p. xii ; dans le Haut-Beaujolais, Gill. 2, etc.]

(**I. montana** L. — Vaiv. I, 24 ; II, 310 ; dans le Beaujolais méridional et calcaire ?)

I. hirta L. — Vaiv. II, 310 : « en Brouilli ; »

I. salicina L. — Vaiv. II, 310 : « commun en Brouilli ; » — bois de Châlier, *S. Phil.* 24.

Inula Helenium L. — Briss. 174 : « fossés de Pierrefitte, château de M. de Thizy, près Ronno ; » — Vaiv. I, 24 ; II, 309 : « dans les fossés du château de Pierrefitte. »

I. pulicaria L. — Vaiv. II, 310 ; *S. Phil.* 25.

I. dysenterica L. — Vaiv. II, 309 : « dans quelques prairies le long de l'Ardière ; » env. de Villefranche, *S. Phil.* 28.

Bellis perennis L. — Vaiv. II, 306 ; *S. Phil.* 7, etc.

Chrysanthemum leucanthemum L. — Vaiv. II, 307 ; *S. Phil.* 22, etc. — Vaivolet indique une var. *B. canescens* dans le bois de la Chaize.

C. corymbosum L. — Vaiv. II, 308 : « commun dans les bois de la Chaize ; » — bois de Châlier, *S. Phil.* 22 ; le Beaujolais calcaire !

C. parthenium Pers. — Briss. 174 : « haies épaisses et exposées au midi dans nos montagnes ; » — Vaiv. II, 306 (sub *Matricaria*) : « commun autour de nos habitations ; bois de la Chaize, de la Carelle et Ajou ; » voy. pour la zone montagneuse *S. Phil.* 26, Gill. 14, Magn. 38, 43.

[**Matricaria inodora** L. — Env. de Villefranche, *S. Phil.* 18, etc.]

M. chamomilla L. — — Vaiv. I, 25 : « Bell. » ; II, 307.

Anthemis arvensis L. — Briss. p. 174 ; Vaiv. II, 318 ; *S. Phil.* 18.

A. cotula L. — Vaiv. II, 318.

A. nobilis L. — Vaiv. II, 318 ? — Plaine de Frontenas, près d'Alix, Car. 445 ; régions granitiques du Morvan, du Lyonnais, St-L. 394.

Achillea ptarmica L. — Vaiv. I, 25 ; II, 318 ; *S. Phil.* 25.

A. Millefolium L. — Vaiv. II, 318 ; *S. Phil.* 28.

Calendula arvensis L. — Vaiv. I, 25 : « Bell. » ; II, 326 : « dans nos vignes, à Saint-Lager ; » env. de Villefranche, *S. Phil.* 21.

Sonchus arvensis L. — Vaiv. II, 286.

S. palustris L. — Vaiv. II, 286 : « étangs de la Chaize et de Pierreux ; » — Aucune indication dans Cariot, 451.

S. oleraceus L. — Vaiv. II, 287 ; *S. Phil.* 22.

[**S. asper** Vill. — Villié, Gill. 12 ; env. de Villefranche, *S. Phil.* 22, etc.]

S. Plumieri L. — Vaiv. I, 22 : « Roche d'Ajou ; » II, 286 : « *bis. S. Plumieri*, au nord et soir de la Roche d'Ajou ;

trouvé par MM. de la Croix d'Azolette, Circand, Reissier
père, maire de Belleville, et Vaivolet ; déterminé par
celui-ci. Depuis retrouvé plus avancé par MM. Reissier
père et fils et M. Foudras ; par eux rencontré dans un pré
très élevé des Ardillats. » C'est donc la première indication de cette belle espèce non seulement dans le Beaujolais, mais encore pour la région lyonnaise, Latourrette
et Gilibert ayant confondu le *S. Plumieri* du Pilat avec
le *S. alpinus*. Le *S. Plumieri* a été retrouvé depuis lors
dans les montagnes du Beaujolais, principalement à la
Roche d'Ajou, par tous les botanistes ; voy. *S. Phil*. 29 ;
SARGN. 106 ; CAR. 452 ; ST-L. 455.

Lactuca saligna L. — VAIV. I, 22 : « Bell. » ; II, 285 ; BRISS.
158 : « dans le canton des Molières ; » cf. env. de Villefranche, *S. Phil*. 29 ; n'y est pas indiqué dans CAR. 453.

L. muralis Fresen. — VAIV. I, 22 : « Bell. » ; II, 284 (sub
Prenanthe) ; tous les bois du Beaujolais ; cf. *S. Phil*. 27 ;
n'est pas indiqué dans CAR. 453.

[**L. scariola** L. — Env. de Villefranche, *S. Phil*. 28 ; Haut-
Beaujolais, GILL. 6, etc.]

[**L. dubia** Jord. — Env. de Villefranche, *S. Phil*. 28 ; Arnas,
Montmelas, CAR. 454.]

L. virosa L. — Coteaux alluviens et calcaires du Beaujolais ;
VAIV. II, 284 ; cf. Bully, CAR. 454.

Chondrilla juncea L. — VAIV. I, 22 : « Bell. » ; II, 283. Cf.
env. de Villefranche, *S. Phil*. 25 ; — j'ai trouvé la forme
latifolia Bor. à l'Arbresle.

Prenanthes purpurea L. — VAIV. I, 22 : « Bell. » ; II, 283.
Tous les bois du Beaujolais, surtout montagneux,
Liergues, Saint-Bonnet-sur-Montmelas, Saint-Cyr-de-
Chatoux, Avenas, Vauxrenard, Roche-d'Ajou, Chenelette,
Poule, Amplepuis, etc. ; *S. Phil*. 26 ; GILL. 12, 15 ; ST-L.
453 ; MAGN. 38, 42, 43 ; CAR. 456, etc.

Taraxacum Dens-Leonis Desf. — VAIV. II, 281 (*Leontodon*) ;
S. Phil. 7.

[**Pterotheca nemausensis** Cass. — Adventice ?]

Crepis biennis L. — VAIV. I, 22 : « Bell. » ; II, 283 ; *S.
Phil*. 19.

C. tectorum L. — VAIV. I, 22 : « Bell. » ; II, 282.

C. virens L. — VAIV. I, 22 : « Bell. » ; II, 283.

[**Crepis paludosa** Mœnch. — Zone montagneuse, Vauxrenard, Saint-Julien-sur-Montmelas, Car. 460, St-L. 462.]

Barkhausia fœtida DC. — Vaiv. II, 282 (sub *Crepide*);
S. Phil. 28.

[**B. taraxacifolia** DC. — *S. Phil.* 28.]

[**B. setosa** DC. — Adventice et naturalisé dans la plaine alluviale et les coteaux : env. de Villefranche, *S. Phil.* 28;
Beaujolais septentrional, Gill. 10.]

Hieracium Pilosella L. — Vaiv. II, 288; *S. Phil.* 12;
Gill. 24.

H. Auricula L. — Vaiv. II, 288; Gill. 24.

H. murorum L. — Vaiv. II, 288; *S. Phil.* 12; Gill. 24. —
Ainsi que M. Gillot l'a fait remarquer, la forme *H. glau-
cinum* Jord. est la plus fréquente sur les talus des che-
mins et la lisière des bois (*loc. cit.* 24); j'ai fait la même
observation dans les montagnes granitiques du Lyonnais.
— On a encore indiqué les *H. ovalifolium* Jord. à
Liergues, *H. oblongum* Jord. à Alix, *H. cinerascens*
Jord. à l'Arbresle, etc.; Car., 3ᵉ édit., p. 362, 363.

[**H. silvaticum** Lamk. — Surtout dans le Beaujolais montagneux; cf. les *H. lœvicaule* Jord. à Alix, Monsol, Chè-
nelette et autres localités du Beaujolais granitique (cf.
St-L. 482), — *H. finitimum* Jord., *H. cruentum* Jord.,
H. approximatum Jord., à Alix, etc.; Car. 366-368
(3ᵉ édit.); St-L. 483.]

H. sabaudum L. — Vaiv. I, 22: « Bell. »; II, 289. — Plusieurs
formes ont été observées dans le Beaujolais, les *H.
vagum* Jord., *H. subhirsutum* Jord., etc. ; Car., 3ᵉ édit.,
p. 372 et seq. ; le *H. subhirsutum* Jord. est une forme bien
distincte que M. Gillot a vue communément dans les bois
de la basse montagne, à Quincié, Montout, la Chaise
(*loc. cit.*, p. 24.)

H. umbellatum L. — Vaiv. I, 22 : « Bell. »; II, 289; Gill.
24; St-L.

Andryala sinuata L. — Vaiv. I, 23 : « Bell. »; II, 279 (sub
A. integrifolia): « bords du chemin de Lapierre à Beau-
jeu ; et la var. *sinuata.* » — Coteaux siliceux et basses
montagnes du Beaujolais méridional, l'Arbresle Magn. !,
Montmelas *S. Phil.* 26, — du Beaujolais septentrional,
Gill. 11, 14; voy. Magn. 44.

(Tragopogon major Jacq. — VAIV. II, 279.)

T. pratensis L. — VAIV. II, 279; *S. Phil.* 14; serait propre aux prés de la montagne, GILL. 2. —La var. *undulatum* Thuill., à Arnas, CAR. 484.

[**T. orientalis** L. —Remplace le *T. pratensis* L. dans la plaine alluviale, GILL. 2.]

Scorzonera plantaginea Schlech. — VAIV. II, 280 (sub *S. humili*) : « prairies aux bords de l'Ardière; » — région granitique du Beaujolais, ST·L. 446, MAGN. ! ; pas d'indications dans CAR. 485.

Podospermum laciniatum DC. — VAIV. II, 281 (sub *Scorzon.*) ; — Limas *S. Phil.* 20; coteaux et alluvions calcaires ; pas de localités beaujolaises dans CAR. 486.

Leontodon autumnalis L. — VAIV. II, 282 ; *S. Phil.* 26.

L. hispidus L. — VAIV. II. 282, *S. Phil.* 24.

[**L. hastilis** L. — *S. Phil.* 24 ; surtout le Beaujolais calcaire.]

Thrincia hirta Roth. — VAIV. II, 282 (sub *Leont. hirsuto*) « en Brouilli ; » tout le Beaujolais, de la zone inférieure (cf. *S. Phil.* 28) aux sommets montagneux, GILL. 14, MAGN. 37, 42.

Picris hieracioides L. — VAIV. II, 281 ; cf. GILL. 14 (zone montagneuse) ; *S. Phil.* 28.

Helminthia echioides Gærtn. — VAIV. II, 281 : « nord |de Brouilli ; » — bords d'un chemin, au hameau de la Lime, GILL. 8 ; Arnas, CAR. 490.

Hypochœris radicata L. — VAIV. II, 279 ; *S. Phil.* 24.

H. glabra L. — VAIV. II, 279 ; pas de localités beaujolaises dans CAR. 491.

(H. maculata L. — VAIV. II, 278 : « bois au nord et revers de l'Hermitage à Theins. »)

Cichorium Intybus L. — VAIV. II, 277 ; *S. Phil.* 24.

Lampsana communis L. — VAIV. I, 23 : « Bell. »; II, 287 : « bois de la Chaize ; » — *S. Phil.* 20.

L. minima Lamk. — VAIV. I, 23 : « Bell. »; II, 287 ; — tout le Beaujolais granitique, des coteaux aux sommets, SARGN. 105, ST-L. 440, GILL. 16 ; MAGN. 42, 44.

AMBROSIACÉES.

Xanthium strumarium L. — VAIV. I, 28 : « Bell. » ; II, 352 ; — bords et alluvions de la Saône ; cf. *S. Phil.* 25.

[**Ambrosia artemisiæfolia** L. — Plante de l'Amérique septentrionale découverte en 1875 par M. Chanrion, à Montbron,
commune de Durette ; pour son histoire, voy. *Soc. bot.
Lyon*, 1876, t. IV, p. 40, 86 ; 1877, t. V, p. 117 ; *Soc.
bot. de France*, 1875, rev. bibl. p. 78 ; 1876, session de
Lyon, p. xli ; Car., *Ét. des fleurs*, 1879, t. II, p. 496 ;
St-L. *Cat.* 494 ; Magn. dans *Soc. bot. Lyon*, t. xii, p. 238
ou *Végét.* p. 466.]

Campanulacées.

Jasione montana L. — Vaiv. I, 25 : « Bell. » ; II, 328 ; S.
Phil. 26 ; sols siliceux, cf. St-L. 495.

J. perennis Lamk. — Vaiv. I, 25 : « Bell. » ; II, 328 ; pic de
Saint-Bonnet-sur-Montmelas, pic de la Sévelette, Car.
497, St-L. 496.

[**J. Carioni** Bor. — Beaujolais granitique, Chênelette et les
sommets de Tourvéon, Brouhy, Saburin, Saint-Bonnet-
sur-Montmelas, etc. ; Gill. 14, 16 ; Car. 497 ; St-L. 496 ;
Magn. 37, 42.]

Phyteuma spicatum L. — Vaiv. I, 6 : « Bell. » ; II, 61 : « seulement l'*ochroleuca ;* le *cœrulea*, en Dauphiné ; » —
Gill. 15.

[**Campanula Medium** L. — Beauj. calcaire et méridional,
Alix, Liergues, Car. 500.]

C. hederacea L. — Vaiv. I, 5 : « Bell., à la Carelle ; bois de
Thin » ; II, 62 : « *Bis.* Bois de Montpinet, proche de la roche
d'Ajou, et commune dans un bois de l'hôpital, proche des
touffes de Verne, en soir de la forêt de la Carelle. » C'est
encore à Vaivolet qu'on doit la première indication dans
notre région de cette espèce remarquable ; cf. depuis, à
Saint-Rigaud, S. *Phil.* 28, Car. 501 ; à Chênelette, la
Roche-d'Ajou, Propières, etc. ; Sargn. 106 ; Car. 501 ;
St-L. 509 ; F. Morel S. *b. Lyon*, 1884, p. 80.

C. glomerata L. — Vaiv. II, 61 ; S. *Phil.* 21. M. Gillot indique
une var. *minutiflora* près de Corcelles, *l. cit.* 8.

C. patula L. — Vaiv. I, 5 : « Bell. Bois Tachon et Montlong ; »
II, 61 : « *Bis,* dans les bois de Monlong en soir et bois de
la Roche-Tachon. » Sols granitiques de la plaine et des
coteaux, cf. Gill. 6, 11 ; St-L. 508. La première indication de cette espèce dans notre région remonte aussi à
Vaivolet.

C. persicifolia L. — Vaiv. II, 62. — Bois des coteaux et de la montagne, cf. Gill. 15; pas de localités beaujolaises dans Car. 503.

C. Rapunculus L. — Vaiv. II, 61. — Plaine et coteaux surtout granitiques, cf. Gill. 6.

[**C. Rapunculoides** L. — Beaujolais calcaire ?]

C. Trachelium L. — Vaiv. II, 61 ; *S. Phil.* 26.

    Vaiv. indique un *C. rhomboidea* à Ajou ? II, 61.

[**C. linifolia** Lamk. — Liergues, au bois de Châlier, Méhu, voy. *S. Phil.* 19 ; Car. 505.]

C. rotundifolia L. — Vaiv. II, 61 ; *S. Phil.* 22.

Specularia Speculum A. DC. — Vaiv. II, 62 ; *S. Phil.* 26 ; Gill. 5.

    Vacciniées

Vaccinium Myrtillus L. — Briss. 157 ; — La Tour. *Chl.* 10 : « Bell. M. » ; — Vaiv. I, 10 : « Ajou : bois de Thin ; » II, 118 : « sur la Roche et montagne d'Ajou ; et montagne de Thin, proche Lacarelle ; » cf. toutes les montagnes du Beaujolais, Avenas, St-Rigaud, Roche-d'Ajou, Torvéon, etc. ; Gill. 12, 16 ; *S. Phil.* 27 ; Magn. 38 ; etc. M. Sargnon a observé dans les bois de St-Rigaud la variété à fruits blanc-jaunâtre, *l. cit.* 105.

    Ericacées.

Erica vulgaris L. — Vaiv. II, 118 : « sur un si grand nombre de bruyères, il est bien singulier que nous n'ayions qu'une espèce et qu'elle frappe de stérilité un si grand espace de terrains. » Tout le Beaujolais granitique et les parties accidentellement siliceuses du Beaujolais calcaire, cf. *S. Phil.* 24 (Châlier), Gill. 14, 16, etc.

    Pirolacées.

Pirola rotundifolia L. — Vaiv. I, 11 : « Ajou et forêt Lafay ; » II, 128 : « Forêt de la Faye ; Combe-noire d'Ajou ; » cf. Chênelette, et de plus, depuis Brouilly jusqu'à Jarnioux, Car. 513, St-L. 517.

[**P. chlorantha** Sw. — St-Rigaud, *S. Phil.* 27 ; Monsols, à la Roche-d'Ajoux, St-Cyr-de-Chatoux ; Car. 513.]

[**P. minor** L. — Aujoux, dans le Beaujolais, Car. 514, St-L. 517.]

Monotropa hypopitys L. — Briss. 157 ; — Vaiv. II, 128 :
« commun dans les bois d'Ajou, de Lacarelle ; sur une
racine de Chêne, tailli de la Chaize ; » cf. St-Rigaud,
S. Phil. 27, Sargn. 105 ; Cariot n'indique des localités
que dans le Beaujolais méridional, à Theizé, Bully et
Amplepuis, *l. cit.* 515.

Aquifoliacées.

Ilex Aquifolium L. — Briss. 155 : « fréquent dans les bois les
plus élevés ; » — Vaiv. 43 ; cf. *S. Phil.* 13 ; Gill. 14, 16,
etc.

Jasminées.

Fraxinus excelsior L. — Vaiv. I, 31 : « Bell. » ; II, 388 :
« Beaujolais, commun. » *S. Phil.* 7.
Jasminum fruticans L. — Briss. 162 : « dans les haies du
vignoble, vers Lestra ; » — Vaiv. II, 2 : « haies de
Brouilli. »
Ligustrum vulgare L. — Vaiv. II, 3 ; Gill. 6 ; *S. Phil.* 17,
31 ; etc.

Primulacées.

Primula vulgaris Huds. (*P. grandiflora* Lamk.) — Beaujo-
lais méridional, depuis St-Romain-de-Popey, St-Véran,
Oingt, Theizé, etc. Magn. ! voy. *Végét. du Lyon.*, carte
n° 5 ; cf. *S. Phil.* 7 ; jusqu'où remonte cette espèce dans
la vallée de l'Azergue et dans le Beaujolais septentrional, où elle est remplacée par le *P. elatior* ?
[**P. variabilis** Goup. — Même dispersion que le *P. vulgaris.*]
P. elatior Jacq. — Commun dans le Beaujolais septentrional,
Magn. ! cf. Car. 521, Gill. 6.
P. officinalis Jacq. — Dans toutes les prairies ; *S. Phil.*
10.
(Vaiv. signale dans II, 52, le *Primula veris* L. comme
commun, sans indiquer de localités pour les var. *veris
odorata* (= *officinalis*), *elatior* et *grandiflora.*)
(**Cyclamen europæum** L. — Dans sa notice, Aunier dit que
Vaivolet a trouvé le « *Cyclamen europæum* observé une
seule fois en fleur à la Roche-d'Ajou, où il n'a pas été

retrouvé (1). » Les annotations au *Chloris* (I, 5) et celles à l'*Histoire des plantes* (II, 52) ne mentionnent aucune localité beaujolaise pour le Cyclame.)

Lysimachia vulgaris L. — Vaiv. II, 51 : « commun à la Carelle et dans nos fossés ; » S. *Phil.* 25 ; Méhu p. xii, etc.

L. nummularia L. — Vaiv. II, 52 : « commun ; fossés de Fort-Michon ; » S. *Phil.* 19 ; Gill. 6.

L. nemorum L. — Vaiv. II, 52 : « à Ajou, à la Carelle et à Chênelette ; dans toutes nos montagnes ; » cf. Avenas, St-Rigaud, etc., Sargn. 105, Gill. 12, Magn. 38, St-L. 533.

(Vaivolet indique encore les deux espèces suivantes qui n'ont pas été mentionnées depuis :

L. thyrsiflora L., II, 51 : « écluse de Cercié ; » probablement échappé d'un jardin ?

L. punctata L. Déjà dans I, 5, on lit : « *L. punctata.* Bell.... forêt de Carelle ; » dans II, 51, Vaivolet est encore plus explicite : « *Bis,* trouvé à la Carelle une petite espèce toute couverte de points rouges ; serait-ce la *punctata* ? » et d'une écriture plus récente : « Je l'ai observée et fait observer plusieurs années, sed semper absque flore ; suivant Latourrette , *raro florens.* Je ne doute plus que ce ne soit la *punctata* des marais. »)

(Centunculus minimus L. — Vaiv. II, 35 ?)

Anagalis phœnicea Lamk., **cœrulea** Schreb. — Vaiv. II, 51 ; S. *Phil.* 21, 24.

A. tenella L.— Vaiv. II, 52 : « prairies de Chênelette ; » cf. de Chênelette à la Roche-d'Ajou, Sargn. 106. Cariot, p. 530, n'indique pas de localités beaujolaises. C'est encore une des bonnes découvertes de Vaivolet, confirmée par les explorations ultérieures.

(Samolus Valerandi L. — Vaiv. II, 60 ?)

Apocynées.

Vinca major L. — Vaiv. II, 57 ?

---

(1) Voy. plus haut, p. 10.

Vinca minor L. — Briss. 164 : « fréquent dans qlq. haies assez abritées et près de Villefranche ; » — Vaiv. II, 58 ; *S. Phil.* 10 ; Gill. 6.

Vincetoxicum officinale Mœnch. — Vaiv. II, 67 ; *S. Phil.* 15 (bois de Châlier) ; Méhu p. xiii.

Asclepias Cornuti Dec. — Vaiv. II, 67 : « *Bis. Asclepias syriaca* L., devenu spontané et se propageant dans les environs des châteaux d'Argini (1) et de Valière (2) ; échappé sans doute des jardins voisins ; » il se retrouve encore à St-Georges-de-Reneins, Car. 533.

GENTIANÉES.

Menyanthes trifoliata L. — Briss. 178 : « existe dans l'étang de Farge au-dessous de Ronno ; » — Vaiv. 1, 5 : « Bell. » ; II, 53 : « Grande espèce, dans la pièce d'eau près la cure d'Azolette ; petite espèce, dans les prairies de Chênelette et de St-Igny-de-Vers ; » cf. *S. Phil.* 30 ; le Beaujolais, Car. 534.

Villarsia nymphoides Vent.— Vaiv. I, 5 : « Bell. » ; II, 53 : « fossés de Bourdelans ; » cf. *S. Phil.* 25 ; Méhu p. xi ; fossés de la plaine alluviale et bords de la Saône, cf. Anse, Arnas, St-Georges-de-Reneins, Car. 534, St-L. 554.

(Chlora perfoliata L. — Vaiv. II, 118, dit ne l'avoir trouvé qu'à Tournon ; quelle est sa dispersion dans le Beaujolais?)

Gentiana cruciata L.— Vaiv. I, 7 : « Bell. » ; II, 69 : « proche la vieille ville d'Oingt ; » cf. Theizé, Car. 538 ; Beaujolais calcaire, Magn. 48.

(G. ciliata L. — ?)

Erythræa Centaurium Pers. — Briss. 165 : « dans les bruyères qui conduisent de Vauxrenard au château du Colombier ou le Pertuis ; » — Vaiv. II, 68 : « commun à Saint-Lager ; » cf. Gill. 6 ; *S. Phil.* 25 ; Méhu p. xiii.

[E. ramosissima Pers. — Arnas, St-Julien-sur-Montmelas, Dracé, Gill. 4, Car. 543 ; cf. Magn. 49, 51.]

---

(1) A 1 kilomètre de Charentay.
(2) Commune de Saint-Georges-de-Reneins.

Cicendia filiformis Rchb. — Vaiv. II, 69 ; Alix, Arnas,
Car. 543 ; Magn. 49.

CONVOLVULACÉES.

Convolvulus sepium L. — Vaiv. II, 53 ; *S. Phil.* 20 ;
Gill. 6.

C. arvensis L. — Vaiv. II, 54 ; *S. Phil.* 21.

Cuscuta europæa L. — Vaiv. II, 42.

C. epithymum L. — Vaiv. II, 42 ; cf. *S. Phil.* 25.

SOLANÉES.

Datura Stramonium L. — Briss. 164 : « ne se trouve que
dans la plaine entre Villefranche et la Saône, ou dans
quelques cours des maisons de la montagne, par exemple dans celle du château de la Verpillière ; » — Vaiv. II,
54 : « commune de Regneins jusqu'à Villefranche ; » cf.
commun dans le Beaujolais, Car. 547 ; Gill. 6 ; *S. Phil.*
25 ; Méhu p. XIII.

[**D. Tatula** L. — Arnas, Villefranche, Car. 547.]

Hyoscyamus niger L. — Briss. 164 : « près de Roanne, à
Ville, Jarniost, etc. » — Vaiv. II, 55 : « autour de mon
hameau ; » cf. Gill. 6.

Verbascum Thapsus L. — Vaiv. II, 56 ; *S. Phil.* 24.

V. phlomoides L. — Vaiv. II, 56 ; Arnas, Car. 519.

[**V. australe** Schrad. — Arnas, où il est commun, Car. 519 ;
Bourdelans, Méhu p. XIII.]

V. Lychnitis L. — Vaiv. II, 57 ; *S. Phil.* 26 ; Gill. 14, 15.

V. nigrum L. — Vaiv. I, 6 : « Bell. » ; II, 57 : « c'est le plus
commun à la Carelle et à Chênelette ; » cf. *S. Phil.* 27 ;
St-Bonnet-sur-Montmelas, Car. 551.

V. Blattaria L. — Vaiv. II, 57 ; *S. Phil.* 25 ; Méhu p.
XIII.

[**V. Bastardi** Rœm. et Sch. — Arnas, etc., Car. 552.]

[**V. Blattarioides** Lamk. (*V. virgatum* With.) — Arnas,
Villié, Car. 552 ; St-L. 574 ; plaine et coteaux, Villié,
Quincié, Lantignié, Gill. 4, 12, 13 ; Magn. 45, 51.]

[**Atropa Belladona** L. — Pic de St-Cyr-de-Chatoux, Méhu in
Car. 553.]

Physalis Alkekengi L. — Vaiv. II, 59 : « à Pommiers, dans
les vignes ; » cf. Pommiers, Limas, Car. 553 ; Limas,

S. Phil. 29 ; le Beaujolais calcaire, le plateau d'Oncin,
à Nuelles !, St-Germain-sur-l'Arbresle !, Magn. 47, 49.

Solanum Dulcamara L. — Vaiv. II, 59 ; Briss. 178 ; *S. Phil.*
22.

S. nigrum L. — Vaiv. II, 58 ; *S. Phil.* 24 ; Gill. 6.

[**S. ochroleucum** Bast. — Abonde à Belleville, à l'exclusion
du *S. nigrum.* Gill. 5 ; se retrouve aussi dans d'autres
points de la vallée de la Saône, cf. Car. 554.]

[**S. villosum** Lamk.— St-Georges-de-Reneins, Belleville, Car.
554.]

BORRAGINÉES.

Symphytum officinale L. — Vaiv. II, 48 : « le long de l'Ardière. »

S. tuberosum L. — Vaiv. II, id.

Anchusa italica Retz. — Briss. 163 : « *A. officinalis* et *an-
gustifolia*, pâturages secs et à l'abri du nord ; »— Vaiv.
II, 49 : « *A. officinalis*, à Pommiers ; » surtout dans le
Beaujolais méridional.

Lycopsis arvensis L. — Vaiv. II, 48 ; *S. Phil.* 25.

Borrago officinalis L. — Vaiv. II, 48.

Cynoglossum officinale L.—Vaiv. II, 49 ; *S. Phil.* 17 ; Gill.
6 ; Briss. 163.

[**C. pictum** Ait. — Coteaux et alluvions calcaires principalement, cf. Limas, Bourdelans, *S. Phil.* 17, Méhu p. xiii,
Magn. 51, etc.]

Echinospermum Lappula Lehm. — Vaiv. II, 50 ; Brouilli,
Chiroubles, Quincié, coteaux inférieurs du vignoble, Car.
559, Gill. 11 ; Magn. 44, 46 ; St-L. 567.

Myosotis palustris L. — Vaiv. II, 50 ; Bourdelans, *S. Phil.*
18, Méhu p. xii.

[**M. lingulata** Lehm. — Environs de Villefranche, *S. Phil.*
22.]

[**M. silvatica** Hoffm. — St-Bonnet-sur-Montmelas, Grogn. in
Gill. 17 ; Grandris, Car. 560 ; mont. du Beaujolais, vallée
de l'Azergue, St-L. 566 ; Magn. 43, 50.]

[**M. intermedia** Link. — Env. de Villefranche, *S. Phil.* 19,
Méhu p. xiii.]

[**M. hispida** Schlecht. — Env. de Villefranche, *S. Phil.* 18,
Méhu p. xiii ; plaine du Beaujolais septentrional,
Gill. 5.].

[**Myosotis stricta** Link. — St-Bonnet-sur-Montmelas, CAR. 561.]

[**M. versicolor** Pers. — Beaujolais méridional, MÉHU p. XIII ; Beaujolais septentrional, Chiroubles, Villié, GILL. 12 ; surtout les coteaux siliceux, MAGN. 44.]

[**M. Balbisiana** Jord. — Coteaux siliceux à Villié, Chénas, Fleurie, Beaujeu, Pruzilly, etc. ; vallée de l'Azergue, à Lamure ; CAR. 561 ; GILL. 12 ; ST-L. 566 ; BOULLU, *S. b. Lyon*, 1880, p. 332. — La forme *M. fallacina* Jord. souvent mêlée aux précédents.]

Lithospermum officinale L. — VAIV. II, 47 : « commun le long de l'Ardière ; » *S. Phil.* 17.

L. purpurcocæruleum L. — VAIV. II, 47 ; — Beaujolais calcaire, Alix, plateau d'Oncin, entre Bully et l'Arbresle, CAR. 563, MAGN. 48, 49.

L. arvense L. — VAIV. II, 47 : « commun ; » *S. Phil.* 17.

[**L. permixtum** Jord. — Corcelles, GILL. 8.]

Pulmonaria vulgaris Mérat (*P. tuberosa* Schk.) — VAIV. 46 : « *P. officinalis*, *P. angustifolia*, dans tous nos bois ; » Cf. *S. Phil.* 8.

P. affinis Jord. — VAIV. II, 46 : « *Bis*. Pulmonaria, *foliis ovato-cordatis, caulinis ovato-oblongis, maculata et non*. Roche Tachon. » A cause des feuilles *ovato-cordatis* on peut penser au *P. officinalis* L.; mais il est plus probable que la plante de Vaivolet se rapporte au *P. affinis* Jord., qui a été signalé du reste à la Roche-d'Ajou par Grogniot sous le nom de *P. saccharata* Mill. (voy. GILL. 18) et à St-Germain-sur-l'Arbresle dans CAR. 565 ; MAGN., *S. b. Lyon*, 1880, t. VIII, p. 344. Voy. aussi bois de Châlier ?? *S. Phil.* 8.

Echium vulgare L. — VAIV. II, 45 ; *S. Phil.* 20.

Heliotropium europæum L. — VAIV. II, 46 : « très-commun dans nos vignes ; l'odeur des fleurs se produit surtout après un soleil chaud ; » cf. GILL. 11 ; *S. Phil.* 28.

PERSONÉES.

Digitalis purpurea L. — BRISS. 172 : « Grand chemin de Roanne à Tarare. Très belle dans les bons vignobles du Beaujolais ; » — LA TOURR. et VAIV. I, 17 : « Bell. » ; II, 212 : « bois de la Chaize et Crêt-David ; » — tout le Beau-

jolais montagneux et granitique, Chatoux, St-Bonnet-
sur-Montmelas, Arguel, Sobrant, Tourvéon, Roche-
d'Ajou, St-Rigaud, etc.; descend à Chênelette, Chiroubles,
etc.; *S. Phil.* 27, GILL. 14; SARGN. 105, CAR. 568,
ST-L. 595, MAGN. 38, 43, etc. — La Tourrette (*Chl.* 17)
indique la var. β *alba* dans les « Bell. M. ».

D. grandiflora Lamk. — LA TOURR. et VAIV. I, 17 (*Bis. D.
ambigua* Murr. Bell.) ; II, 212 : « abondante au soir du
Crêt-David; » — La Sévelette, *S. phil.* 26 ; Theizé, Cogny
et toutes les montagnes du Beaujolais, CAR. 568, ST-L.
596.

D. lutea L. — VAIV. I, 17 : « Bell. » ; II, 212 : « bois de
Brouilly ; Crêt-David ; » — Châlier, *S. Phil.* 22 ; bois de
la Chaise, de Montout, etc., GILL. 15.

D. purpurascens Roth. — VAIV. II, 212 : « ter. *D. minor* L.?
corollis purpureis ; labio striis albeolis ;* forêt de la
Carelle et dans une haye au matin. » Il s'agit bien ici,
croyons-nous, du *D. purpurascens* qui a du reste été
trouvé non loin de la Carelle, à Prusilly (BOULLU, ST-L.
595.)

Scrophularia nodosa L. — LA TOUR. *Chl.* 17 : « Bell. M. » ;
— VAIV. I, 17 : « Bell. » ; II, 211 : « le long de l'Ardière ; »
— *S. phil.* 21.

S. Balbisii Horn. — VAIV. I, 17 (*S. aquatica* L.) : « Bell. » ;
II, 211 ; — env. de Villefranche, *S. phil.* 20, MÉHU p. XII.
     (VAIVOLET mentionne encore deux autres *Scrophularia* qui ren-
trent dans ce dernier type : *S. auriculata* L. à Cercié et Pommiers
(I, 17 ; II, 211 *bis*) ; *S. betonicifolia* à Fontcrêne, près Villefranche
(II, 211, *ter*). Nous extrayons d'une longue note intitulée : « *Ma
profession de foi sur les Scrophulaires* », les renseignements qui
suivent :
     « *S. aquatica* L., foliis ovato-*acuminatis*, subsessilibus ; caule
membrani-angulato.
     S. auriculata L., fol. basi appendiculatis, oblongis, *obtusis*, cor-
datis ; à Cercié et Pommiers.
     S. betonicifolia, caule erecto, tetragono, basi purpurascente ; foliis
basi inæqualibus, subcordatis, oblongis, dentatis, dentibus integer-
rimis, ad basim profundioribus ; paniculâ terminali subfoliosâ ; floribus triste purpurascentibus, labello virescente, — à Fontcrêne ;
absque appendicibus. »
     Ce sont des modifications du *S. aquatica* L., se rapportant au
S. Balbisii Horn., dont les feuilles peuvent être munies ou non de
deux oreillettes foliacées à leur base.)

(Le *S. canina* L. ne paraît pas arriver dans le Beaujolais ; Vaivolet ne donne aucune indication de localité pour cette région ; il le signale seulement à : « Limonest, Ainai, aux Massues dans les environs du cimetière, » II, 211.)

Antirrhinum Orontium L. — Vaiv. I, 17 : « Bell. » ; II, 215 ; cf. *S. phil.* 24 ; Gill. 11.

A. majus L. — Vaiv. II, 214 ; subspontané, cf. Gill. 10.

[Linaria cymbalaria DC. — Subspontané, Arnas, Car. 571.]

L. Elatine Mill. — Vaiv. I, 17 ; II, 212 ; *S. Phil.* 25.

L. spuria Mill. — Vaiv. II, 212 ; *S. Phil.* 25.

L. arvensis Desf. — Vaiv. II, 213 ; Chiroubles, Car. 573.

L. Pelliceriana Mill. — Vaiv. II. 213 ?

L. striata DC. — Vaiv. I. 17 (*A. repens*) ; II, 213 ; Montmelas, *S. Phil.* 26.

L. vulgaris Mill. — Vaiv. I, 17 ; II, 214 ; *S. Phil.* 28.

[L. ochroleuca Bréb. — Villié, Aubert in Car. 574 ; Corcelles, Lantignié, Gill. 8, 13.]

L. minor Desf. — Vaiv. I, 17 ; II, 213.

Anarrhinum bellidifolium Desf. — Vaiv. I, 17 ; II, 214 ; — Beaujolais granitique, *S. Phil.* 26, Gill. 11, St-L. 578, Magn. 44, etc. — « Var. B. *alba*, trouvée en Saburin, Vaiv. II, 214. »

Gratiola officinalis L. — Vaiv. II, 5 : « prairies de Bourdelan ; » cf. *S. Phil.* 25, Méhu p. xii, Car. 575, Magn. 52.

Euphrasia officinalis L. — Vaiv. II, 209 ; *S. Phil.* 29.

[E. nemorosa Pers. — *S. Phil.* 29 ; la f. *E. ericetorum* Jord., commune sur les sommets des chaînes beaujolaises, Gill. 14 ; St-L. 598].

E. verna Bell. — Vaiv. I, 17 ; II, 209 (*E. odontites*).

E. serotina Lamk. — Vaiv. id. ; *S. Phil.* 31.

[E. divergens Jord. — Arnas, Car. 578.]

E. lutea L. — Vaiv. I, 17 : « Bell. » ; II, 209 ; — bois de Châlier, *S. Phil.* 31 ; Pommiers, Car. 579.

Melampyrum cristatum L. — Vaiv. I, |17 : « Bell. » ; II, 210 : « bois d'Alix ; » — Bourdelans, S. *Phil.* 18 ; — Pommiers ; entre Bully et l'Arbresle, plateau d'Oncin, Car. 580, Magn. 47, 49.

M. arvense L. — Vaiv. II, 210.

M. pratense L. — Vaiv. I, 17 : « Bell. » ; II, 210 ; — bois de

Châlier, *S. Phil.* 22 ; Saint-Bonnet-sur-Montmelas, Grogn. in Gill. 17.

Rhinanthus glabra Lamk. — Vaiv. I, 17 (*Rh. crista-galli*) ; II, 209 ; *S. Phil.* 15.

Rh. hirsuta DC. — Vaiv. I, 17 (*R. alectorolophus*) ; II, 209 : « en Briante, à Saint-Lager ; » *S. Phil.* 15.

Pedicularis silvatica L. — Vaiv. I, 17 : « Bell. » ; II, 215 ; — le Beaujolais granitique.

P. palustris L. — Vaiv. I, 17 : « Bell. » ; II, 215 ; — le Beaujolais, Chênelette, Amplepuis, etc., Gill. 17, Car. 585, Magn. 38.

Veronica Beccabunga L. — Vaiv. II, 4 : « à Cercié, ad scaturigines vix congelandas ; » *S. Phil.* 17.

V. Anagallis L. — Vaiv. II, 4 : « très commune dans les fontaines et les ruisseaux de Saint-Fond et de Morgon ; » *S. Phil.* 17.

V. scutellata L. — Vaiv. II, 4 : « pré marécageux de la Carelle ; » cf. de Chênelette à la Roche d'Ajou, *S. Phil.* 29 ; pas de localités beaujolaises dans Car. 587.

V. montana L. — Vaiv. II, 4 : « 16 *bis*, forêts de la Carelle et de Chênelette ; » c'est la première mention de cette espèce dans notre région ; elle a été depuis indiquée à Chênelette, Gill. 16 ; à la Roche-d'Ajou, Grogn. in Gill. 18 ; dans la vallée de l'Azergue, Magn. 50 ; dans le Beaujolais en général, St-L. 587, Car. 587.

V. Teucrium L. — Vaiv. II, 4 : « cueilli plusieurs fois en Beaujolais ; » *S. Phil.* 18, Méhu p. xiii.

V. prostrata L. — Vaiv. II, 4 : « au bas de Brouilli. »

V. Chamædrys L. — Vaiv. II, 4 : « prés, haies ; » cf. *S. Phil.* 12.

V. officinalis L. — Briss. 154 : « fréquent au pied des Chênes dans le bois à côté du château de M. de la Verpillière ; » — Vaiv. II, 3 ; *S. Phil.* 19. — Vaivolet ajoute : « 6. *Allionii*, foliis subrotondis glabris ; forêt de la Carelle et de l'hôpital de Beaujeu ; » non cf. *V. Allionii* Vill. qui est une espèce alpine.

V. spicata L. — Vaiv. II, 3. ?

V. serpyllifolia L. — Vaiv. II, 3 ; *S. Phil.* 18 ; Méhu p. xiii.

V. arvensis L. — Vaiv. II, 4 ; *S. Phil.* 9.

V. verna L. — Vaiv. II, 4 : « dans les blés humides de Rignié ; »

probablement tout le Beaujolais granitique ; cf. le Morvan, le Lyonnais siliceux ; pas d'indications beaujolaises dans CAR. 591.

V. acinifolia L. — VAIV. II, 5 : « à Rignié ; » Beaujolais siliceux ? pas de localités dans CAR. 191.

V. triphyllos L. — VAIV. II, 4 ; cf. env. de Villefranche, *S. Phil.* 11.

[V. polita Fr. — *S. Phil.* 9.]

V. agrestis L. — VAIV. II, 4 ; *S. Phil.* 9.

V. hederæfolia L. — VAIV. II, 4 ; *S. Phil.* 9.

LENTIBULARIACÉES.

Utricularia vulgaris L. — VAIV. II, 5 : « fossés de Bourdelan ; » cf. *S. Phil.* 25, MÉHU p. XI ; Arnas, CAR. 594.

OROBANCHÉES.

Orobanche Rapum Thuill. — VAIV. II, 207 (*O. major*) ; *S. Phil.* 26.

[O. cruenta Bertol. — Beaujolais calcaire ?]

[O. Epithymum DC. — Beaujolais méridional *S. Phil.* 27, — septentrional, GILL. 14.]

[O. minor Sutton. — *S. Phil.* 21 ; GILL. 4.]

[O. Hederæ Vauch. — Montmelas, *S. Phil.* 26 ; Arnas, CAR. 599.]

[O. Carotæ Desm. — Denicé, CAR. 599.]

[O. Eryngii Vauch. — Cogny, Arnas, Denicé, CAR. 600.]

O. arenaria Bork. — VAIV. II, 208 (*O. lœvis*) ; entre Saint-Georges et Villefranche, CAR. 601.

LABIÉES.

(Salvia Sclarea L. — Adventice, cf. *S. Phil.* 26, GILL. 13.)

S. pratensis L. — VAIV. II, 7 ; *S. Phil*, 22.

Lycopus europæus L. — VAIV. II, 6 ; *S. Phil.* 24.

Mentha rotundifolia L. — VAIV. I, 16 ; II, 188 : « le long de l'Ardière et dans les prairies de Bourdelan ; » *S. Phil.* 24. — M. Gillot a reconnu deux formes principales dans ce groupe (*loc. cit.* p. 24-27.)

    M. rotundifolia L., type à feuilles crénelées : abonde dans la plaine ;

    M. bellojocensis Gillot (*l. c.* p. 26), à feuilles dentées en scie : dans la zone montagneuse, entre Beaujeu et Chênelette et entre Quincié et Marchampt.

M. Gandoger a aussi indiqué *M. viridis* var. *gracilior* (cf. Vaiv. I, 16 ; II, 188), *M. Micheli* Rchb., *M. adspersa* Mœnch, à Arnas Car. 606.

Mentha silvestris L. — Vaiv. I, 16 ; II, 188 ; voy. cependant Gill. 24.

M. aquatica L. — Vaiv. I, 16 :« Bell. » ; II, 188 ; *S. Phil.* 25 ; Gill. 24.

[**M. subspicata** Weihe. — Corcelle, Gill. 24.]

M. arvensis L. — Vaiv. I, 16 : « Bell. » ; II, 189 ; *S. Phil.* 28.

[**M. gentilis** L. — Bourdelans, Fray ; cf. *M. austriaca* Jacq., dans les prairies d'Anse et d'Arnas, d'après M. Gandoger, Car. 610.]

M. Pulegium L. — Vaiv. I, 16 : « Bell. » ; II, 189 ; — Bourdelans, *S. Phil.* 25.

(« Je forme un vœu pour qu'un grand maître retravaille le genre bien imparfait des Menthes et pose des bornes reconnaissables entre les espèces. » Vaiv. II, 189.)

Origanum vulgare L. — Vaiv. II, 204 ; *S. Phil.* 28.

Thymus Serpyllum L. — Vaiv. II, 201 ; *S. Phil.* 22.

Calamintha Acinos Clairv. — Vaiv. I, 17 : « Bell. » ; II, 202 : « très commun dans les terres de Belleville ; » env. de Villefranche, *S. Phil.* 21.

[**C. grandiflora** Mœnch. — Le Haut-Beaujolais, St-L. 620, Car. 615.]

C. officinalis Mœnch. — Vaiv. II, 206 (*Melissa calamintha*).

C. Nepeta Clairv. — Vaiv. II, 206 (sub *Melissa*) ; *S. Phil.* 26.

Clinopodium vulgare L. — Vaiv. II, 205 ; *S. Phil.* 28.

[**Melissa officinalis** L. — Adventice, Gill. 10.]

Nepeta cataria L. — Vaiv. II, 198 : « proche du bourg de Saint-Lager ; » — Fleurie, Car. 617.

Glechoma hederacea L. — Vaiv. I, 16 ; II, 187 ; *S. Phil.* 11.

Lamium amplexicaule L. — Vaiv. I, 16 ; II, 196 : « à ma porte ; » — *S. Phil.* 11 ; — la forme *clandestinum* Rchb., à Corcelles, Gill. 8.

L. purpureum L. — Vaiv. I, 16 ; II, 196 ; *S. Phil.* 12.

[**L. hybridum** Vill. — Env. de Villefranche, *S. Phil.* 12].

L. album L. — Vaiv. I, 16 ; II, 195 ; *S. Phil.* 15.

Lamium maculatum L. — Vaiv. II, 195 : « le long de l'Ardière ; » *S. Phil.* 12.

Galeobdolon luteum Huds. — La Tourr. *Ch.* 16 : « Bell. M. » ; — Vaiv. I, 16 (*Galeopsis*); II, 196 ; *S. Phil.* 19.

Galeopsis Tetrahit L. — La Tourr. *Ch.* 16 : « Bell. M. » ; Vaiv. I, 16 ; II, 196 : « le long de l'Ardière et dans nos montagnes ; » *S. Phil.* 24.

Vaivolet ajoute : « *G. cannabina* Willd., *G. versicolor* Pers., calice hirsuto, pulchro flava ; labio inferiore purpureo, internodiis supernè incrassatis ; — sur nos sommets. »

G. angustifolia Ehrh. — Vaiv. I, 16 (*G. Ladanum*); II, 196 ; *S. Phil.* 28 ; Gill. 5.

G. dubia Leers (*grandiflora* Roth, *ochroleuca* Lamk.) — Vaiv. II, 196 : « *Bis;* sur nos sommets ; » — Beaujolais siliceux, coteaux et montagnes : *S. Phil.* 26 ; Gill. 5, 14 ; Magn. 37, 42.

Stachys germanica L. — Vaiv. I, 16 : « Bell. » ; II, 197 : « commun dans le vallon de Pommiers. »

S. alpina L. — Vaiv. (*S. betonicifolia*) I, 16 : « Forêt de la Carelle ; » ; II, 197 : « forêt de la Carelle, où se trouvent de beaux individus ; » — Sévelette, *S. Phil.* 26 ; bois de la Chaise, Gill. 15. Il n'y a pas de localités beaujolaises dans Car. 622.

Malgré l'affirmation contraire de Vaivolet, son *S. betonicifolia* nous paraît être le *S. alpina;* voici du reste la reproduction des principaux passages de sa note :

« *Bis. Stachys betonicifolia*, foliis cordato ellipticis, crenatis, inferioribus longè petiolatis ; caule calicibusque spinulosis, floccoso-villosis ; corollâ lanatâ, luteâ (herbier de Richard), luteâ lineolis rubeolis ; — in silvâ de la Carelle, où se trouvent de beaux individus.

Non potest esse *Stachys heraclea*.....; les figures d'Allioni 84, 1 et 131 de Columna, de tout point éloignées de notre plante.

Non potest esse *S. alpina* ; je l'ai cueilli ; et en herbier: serraturis apice cartilagineis ; corollæ labio plano, galeâ horizontali, nec erectâ ; foliis non ellipticis. »

Vaivolet ne serait-il pas revenu sur cette affirmation dans son mémoire présenté à la Société d'agriculture ? Voy. plus haut, p. 8.

S. silvatica L. — Vaiv. II, 196 ; *S. Phil.* 15. — « Var. *carnea*, au bord de la pièce d'eau de la Carelle, Vaiv. *l. c.* »

Stachys palustris L. — Vaiv. II, 196 ; bords de la Saône, Beaujolais septentrional, Arnas, etc., Gill. 2, Car. 623.

S. ambigua Sm. — Arnas, Car. 623. — Je crois devoir rapporter à cette espèce un *S. hirta* de Vaivolet (II, 197), indiqué à « Ajou, la Carelle, » avec les caractères suivants : « corollarum labio superiore bifido, divaricato, reflexo ; foliis cordatis, petiolatis. »

S. arvensis L. — Vaiv. II, 197 : « bois de la Chaize. »

S. annua L. — Vaiv. II, 197 ; *S. Phil.* 20.

S. recta L. — Vaiv. II, 197 ; *S. Phil.* 20 ; Gill. 6.

Betonica officinalis L. — Vaiv. I, 16 : « au Brulé ; » II, 195 : « tous nos bois ; la var. blanche à Brouilli, Briante ; » *S. Phil.* 25. — Dans I, 16, Vaivolet avait ajouté un *B. stricta*, indiqué à « Brouilli, » qu'il n'a pas maintenu.

Ballota fœtida L. — Vaiv. II, 199 : (*B. nigra* et *alba*) ; *S. Phil.* 20.

Leonurus Cardiaca L. — La Tourr. *Chl.* 16 ; Vaiv. I, 16 : « Bell. » ; II, 186 : « à St-Pierre-le-Vieux, à Saint-Léger et Saint-Lager ; » — Chateau de Pizay, Gill. 12.

Marrubium vulgare L. — Vaiv. II, 199 ; *S. Phil.* 29.

Melittis Melissophyllum L. — Vaiv. I, 17 : « Bell. » ; II, 205 : « en Brouilli avec var. *alba*; » cf. bois de Châlier, *S. Phil.* 15 ; bois de la Chaise, de Montout, etc., Gill. 15.

Brunella vulgaris L. — Vaiv. I, 17 ; II, 203 ; *S. Phil.* 20.

B. alba Pallas. — Cf. *B. laciniata* Vaiv. I, 17 ; II, 203.

B. grandiflora Jacq. — Vaiv. I, 17 ; II, 203 ; — bois de Châlier, *S. Phil.* 24 ; Liergues, Brouilly, Villié, etc., Car. 628.

Scutellaria galericulata L. — Vaiv. I, 17 ; II, 200 ; — Bourdelans, *S. Phil.* 25, Méhu p. xii.

Sc. hastifolia L. — Vaiv. II, 200 ; Bourdelans, *S. Phil.* 25, Méhu p. xii ; cf. bords de la Saône à Anse, Car. 629.

Sc. minor L. — La Tourr. *Ch.* 16 ; Vaiv. I, 17 : « Bell. »; II, 200 : « fossés des prairies autour de la forêt de la Carelle ; prairies de Chênelette ; c'est une espèce bien distincte (1) ; » cf. Chênelette, *S. Phil.* 29 ; montagnes du Beaujolais, Car. 630.

---

(1) C'est une réponse à l'observation de Gilibert, *Hist. des pl.*, I, p. 200, n° 762 : « cette espèce.... n'est peut-être qu'une variété de la précédente.... »

Ajuga Chamæpitys Schreb. — V_AIV. II, 191 : « dans les
terres de Bourdelan ; » cf. environs de Villefranche,
S. Phil. 17.

A. reptans L. — V_AIV. II, 193 ; *S. Phil.* 11.

A. genevensis L. — V_AIV. II, 194 : « bois de la Chaize ; » env.
de Villefranche, *S. Phil.* 18.

Teucrium Botrys L. — V_AIV. II, 191 : « dans les terres de
Bourdelan ; » — Limas, *S. Phil.* 20 ; Fleurie, Lancié,
G_ILL. 12.

T. Scordium L. — V_AIV. I, 16 : « Bell. » ; II, 192 : « prairies
de Bourdelan ; » cf. *S. Phil.* 25 ; M_ÉHU p. xii ; prairies
depuis Anse jusqu'à Belleville, C_AR. 631.

T. Chamædrys L. — V_AIV. I, 16 ; II, 192 ; *S. Phil.* 20.

T. Scorodonia L. — V_AIV. I, 16 ; II, 191 : « dans nos bois ; » —
S. Phil. 26 ; G_ILL. 15 ; M_AGN. 38, etc. — L_A T_OURRETTE
(Chl. 16) signale une var. β *purpurea* N. dans les monts
du Beaujolais.

T. montanum L. — Beaujolais calcaire à Ville-sous-Jarnioux,
St-Bonnet-sur-Montmelas, C_AR. 632, M_AGN. 46, 48 ; —
c'est probablement cette espèce que Vaivolet a indiquée
sur le « coteau de Châlier, à Pommiers », sous le nom
de *T. flavum*, II, 193.

T. Polium L. — V_AIV. II, 193 : « coteau de Châlier, à
Pommiers ; » — Theizé, près de l'ancien télégraphe,
C_AR. 632.

V_ERBÉNACÉES.

Verbena officinalis L. — V_AIV. II, 6 ; *S. Phil.* 24.

P_LOMBAGINÉES.

Armeria sabulosa Jord. — V_AIV. I, 8 (sub *Statice armeria*) :
« Bell. » ; II, 95 : « prairies de la Saône ; » cf. M_AGN. 51,
52 ; Bourdelans, M_ÉHU p. xiii.

P_LANTAGINÉES.

Plantago major L. — V_AIV, II, 35 ; *S. Phil.* 24.

[**P. intermedia** Gilib. — Environs de Villefranche, *S. Phil.*
18.]

P. media L. — V_AIV. II, 36 ; *S. Phil.* 20.

Plantago lanccolata L. — Vaiv. II, 36 ; S. *Phil.* 11.

P. arenaria Waldst. et Kit. — Vaiv. II, 36 (*P. Psyllium*) : « commun dans les sables du midi de Villefranche ; » cf. Bourdelans, S. *Phil.* 18, Méhu p. xiii ; adventice sur la voie ferrée, à Corcelles, Gill. 10.

P. Cynops L. — Vaiv. II, 36 : « commun dans les sables du midi de Villefranche ».

Littorella lacustris L. — Vaiv. II, 351 : « marais de Chênelette ; » — Cariot ne l'indique qu'à Lavore, dans le Rhône (p. 640) ; c'est encore une nouvelle station intéressante.

> (Le *P. carinata* Schrad. ne paraît pas remonter dans le Beaujolais ; Vaivolet ne le mentionne, sous le nom de *P. alpina* ou *P. graminea*, que « sur les coteaux du Rhône.. »)

Amarantacées.

Amarantus rctroflexus L. — Cette espèce, originaire d'Amérique, existait déjà dans le Beaujolais du temps de Vaivolet, si c'est bien elle qu'il y a indiquée sous le nom d'*A. viridis* L. (voy. Balbis, *Fl. lyon.* I, 601) ; voy. encore env. de Villefranche, S. *Phil.* 24 et notre *Végétat. du Lyonnais*, p. 462.

A. silvcstris Desf. — Env. de Villefranche, S. *Phil.* 24 ; an *A. viridis* L., Vaiv. II, 353 ?

A. Blitum L. — Vaiv. II, 353 ; env. de Villefranche, S. *Phil.* 24.

(**A. paniculatus** L., subspontané, Gill. 10.)

Polycnemum majus Al. Br. — Vaiv. II, 15 (*P. arvense*) : « terres de Bourdelan, de la Chaize. »

[**P. minus** Jord. — Arnas, Car. 643.]

Chénopodiées.

(**Chenopodium glancum** L. — Bords de la Saône ?)

C. hybridum L. — Vaiv. II, 70.

C. intermcdium Mert. et Koch. — Vaiv. II, 69 (sub *Ch. urbico* ?) ; — bords de la Morgon, sous Villefranche, S. *Phil.* 25 ; Beaujolais septentrional, Gill. 6.

C. murale L. — Vaiv. II, 70 ; env. de Villefranche, S. *Phil.* 30 ; Beauj. septent. Gill. 6

C. album L. — Vaiv. II, 70 ; S. *Phil.* 24.

Chenopodium viride L. — Vaiv. II, 70 ; le *Ch. opulifolium*
    Schrad. véritable, autour du cimetière de Dracé, Gill. 4.
C. Vulvaria L. — Vaiv. II, 71 : « autour des bâtiments, dans
    mon jardin ; » — *S. Phil.* 24.
C. polyspermum L. — Vaiv. II, 71 ?
(C. ficifolium Sm. — Vaiv. II, 70, sub *C. serotino* L. ?)
Blitum Bonus-Henricus C. A. M. — Vaiv. II, 69 ; *S. Phil.*
    31.
B. rubrum Rchb. — Vaiv. II, 70 ; bords de la Saône ?
Atriplex patula L. — Vaiv. II, 385 (*A. hastata*) : « en Beau-
    jolais ; » — *S. Phil.* 28.
A. angustifolia Sm. — Vaiv. II, 386 (*A. patula*) : « en Beau-
    jolais ; » — *S. Phil.* 28.

Polygonées.

[Rumex scutatus L. — Ville-sous-Jarnioux, St-Bonnet-sur-
    Montmelas, Beaujeu au château de St-Jean, Gill. 13,
    Car. 650 ; Magn. 44, 46, 48.]
R. Acetosa L. — Vaiv. II, 114 ; *S. Phil.* 19.
R. Acetosella L. — Vaiv. II, 114 ; *S. Phil.* 12.
R. Hydrolapathum Huds. — Vaiv. II, 113 (*R. aquaticus*) ;
    env. de Villefranche, *S. Phil.* 25 ; Méhu p. xi.
R. crispus L. — Vaiv. II, 112 ; Briss. 166.
[R. nemorosus Schrad. — Env. de Villefranche, *S. Phil.*
    24.]
[R. conglomeratus Murr. — Env. de Villefranche, *S. Phil.*
    24.]
R. pratensis M. et K. — Vaiv. II, 113 (*R. acutus*); Briss. 166 ? ;
    env. de Villefranche, *S. Phil.* 15.
R. obtusifolius L. — Vaiv. II, [112.
R. maritimus L. — Vaiv. II, 113 ; bords de la Saône ? cf.
    Car. 653.
R. pulcher L. — Vaiv. II, 113 ; *S. Phil.* 24 ; Gill. 6.
    (Vaivolet n'a pas donné de localités pour les *Rumex* ;
    il s'est borné à dire : « tous les *Rumex* qui suivent
    (*crispus, obtusifolius, acutus, pulcher, maritimus,
    aquaticus*), communs dans nos fossés de Bourdelan, dans
    les prés de la Chaize, de l'Ardière et de Jasseron. »)
Polygonum Convolvulus L. — Vaiv. I, 11 : « Bell. » ; II, 122 :
    « en Brouilli. »

Polygonum dumctorum L. — Vaiv. I, 11 : « Bell. » ; II, 122 : « nos haies ; » *S. Phil.* 26.

P. amphibium L. — Vaiv. II, 121 ; — Bourdelans, *S. Phil.* 25 ; Méhu p. xi; bords de la Saône, Arnas, Saint-Georges-de-Reneins, Car. 655.

P. lapathifolium L. — Vaiv. II, 121 ; — *S. Phil.* 25.

[**P. nodosum** Pers. — Bourdelans, Arnas, Saint-Georges-de-Reneins, Méhu p. xi, Car. 656.]

P. Persicaria L. — Vaiv. I, 11 ; II, 122 ; *S. Phil.* 24 ; Méhu p. xii.

[**P. minus** Huds. — Env. de Villefranche, *S. Phil.* 28.]

P. Hydropiper L. — Vaiv. I, 11 ; II, 122 ; *S. Phil.* 25 ; Méhu p. xii, Gill. 5.

[**P. mite** Schr. — Env. de Villefranche, *S. Phil.* 24 ; env. de Belleville, etc. Gill. 5.]

P. aviculare L. — Vaiv. II, 123 ; *S. Phil.* 19.

Thyméléacées.

Stellera passerina L. — Vaiv. I, 11 : « Bell. » ; II, 121 : « plaine de Belleville ; » cf. champs à la Lime, Gill. 9.

Daphne Mezereum L. — Vaiv. II, 120 : « à Ajou » ; Car. 658 ne mentionne aucune localité pour le département du Rhône ; je l'ai cependant vu au-dessus de Tarare !

D. Laureola L. — Vaiv. II, 119 ? — Beaujolais calcaire ?

Santalacées.

[**Thesium alpinum** L. — Haut-Beaujolais, Boullu et Sargn. — Vaivolet ne l'indique qu'à Pilat, II, 67.]

(Le **Th. divaricatum** Jan., a été trouvé seulement « au Mont-d'Or » par Vaiv. II, 67, sub *Th. linophyllo* ; mais il peut se rencontrer sur les coteaux calcaires du Beaujolais ; il se retrouve en effet dans le Mâconnais, etc.)

Aristolochiées.

Aristolochia Clematitis L. — Vaiv. I, 26 « Bell. » ; II, 337 : « vignes à Pommiers ; » cf. bords de la Saône, à Bourdelans, etc., *S. Phil.* 18, Méhu p. xiii ; remonte plus haut, en face de Thoissey, etc., Gill. 2, Magn. 52.

Asarum europæum L. — Vaiv. I, 13 : « Saint-Cyr-sur-Montmelard ; » II, 142 : « très commun au sommet de

Saint-Cyr-sur-Montmelard, au nord et à demi-lieue de Matour ; » c'est là une indication précise, intéressante à vérifier, aucun botaniste n'ayant depuis signalé cette plante dans les montagnes du Beaujolais.

Euphorbiacées.

Buxus sempervirens L. — BRISS. 161 : « *B. arborescens* et *suffruticosa* croissent communément en plusieurs endroits ; » — VAIV. I, 28 : « Bell. » ; II, 350 ; Beaujolais calcaire, *S. Phil.* 10 ; quelques stations, mais plus ou moins adventices, dans le Beaujolais siliceux : Saint-Bonnet-sur-Montmelas, MAGN. 43 ! ; Quincié, GILL. 13.

Euphorbia Helioscopia L. — VAIV. II, 147 ; *S. Phil.* 31. (L'*E. Gerardiana* Jacq. se trouve-t-elle dans les alluvions de la Saône?)

E. platyphylla L. — VAIV. II, 148 ; *S. Phil.* 21.

[**E. stricta** L. — S. *Phil.* 21.]

E. dulcis L. — VAIV. II, 147 : « en Brouilli ; » — bois de Châlier, *S. Phil.* 15.

E. verrucosa L. — VAIV. II, 148 ; *S. Phil.* 20.

[**E. palustris** L. — Bourdelans, *S. Phil.* 18, MÉHU p. XII ; probablement tous les bords de la Saône, bien que CAR. 667 n'indique aucune localité beaujolaise.]

E. Peplus L. — VAIV. II, 146 ; *S. Phil.* 9.

E. exigua L. — VAIV. II, 146 ; champs des env. de Villefranche, *S. Phil.* 22, — de Corcelles, GILL. 5, etc.

E. falcata L. — VAIV. II, 146 ; Beaujolais calcaire, Limas, etc., *S. Phil.* 21 ; pas d'indications beaujolaises dans Cariot.

E. Lathyris L. — VAIV. II, 147 : « proche de ma maison ; » adventice, cf. GILL. 13.

E. Cyparissias L. — VAIV. II, 148 ; *S. Phil.* 11 ; GILL. 6. Vaivolet reconnait aussi que la forme *degener* est due à la présence d'un *Æcidium*.

E. Esula L. — VAIV. II, 148 ; — bords de la Saône ; cf. *S. Phil.* 18, GILL. 2, MAGN. 52. On a indiqué dans le Beaujolais plusieurs formes de ce type polymorphe, notamment :

E. *salicetorum* Jord.: Bourdelans, de Belleville au pont de Thoissey, MÉHU p. XII, GILL. 2, 3.

E. *ararica* Jord., *E. riparia* Jord., *E. pseudocyparinias* Jord., dans la prairie de Bourdelans, MÉHU p. XII.

Euphorbia amygdaloides L. — Vaiv. II, 149 (avec l' *E. silvatica*) ; bois des env. de Villefranche, *S. Phil.* 12, — de Moutout, de la Chaise, Gill. 15.

Mercurialis annua L. — Vaiv. II, 378 ; *S. Phil.* 9.

M. perennis L. — Vaiv. I, 20 : « Bell. » ; II, 378 : « commun au Crêt-David, à la Roche-Tachon et dans les environs ; » ces stations sont sur les calcaires carbonifériens, lesquels admettent des espèces calcicoles.

Urticacées.

Urtica dioica L. — Vaiv. II, 348 ; *S. Phil.* 20.

U. urens L. — Vaiv. II, 348 ; *S. Phil.* 21.

Parietaria diffusa M. et K. — Vaiv. I, 30 : « Bell. » ; II, 385 : « rare dans notre commune ; elle tapisse les murs de Villefranche ; » cf. env. de Villefranche, *S. Phil.* 21 ; Quincié, Beaujeu, Gill. 13, etc.

[**P. erecta** M. et K. — Alix, Arnas, Car. 673.]

Humulus Lupulus L. — Briss. 176 : « fréquent dans les hayes ; » — Vaiv. I, 29 : « Bell. » ; II, 373 : « com. proche l'Ardière et dans les hayes autour de ma maison ; » *S. Phil.* 24.

Ulmacées.

Ulmus campestris L. — Briss. 156 ; Vaiv. II, 72 ; *S. Phil.* 13.

[**U. montana** Sm. — Arnas, Car. 675.] ?

U. effusa Willd. — Vaiv. II, 72 : « *bis*, en Beaujolais. »

Amentacées.

Corylus Avellana L. — Vaiv. II, 359 : « tous nos bois » ; *S. Phil.* 8.

Exemple de noisetier d'une grosseur remarquable, Vaiv. *l. c.* : « Mais quel est cet arbre de toute hauteur, portant des noisettes existant à Pommiers, chez M. Vermorel, qui fut mis à bas le printemps même où je devais aller l'examiner et classer ? Le tronçon d'en bas fait encore aujourd'hui une table ronde dans la tour ou pavillon de M. Vermorel. »

Quercus sessiliflora Sm. — Vaiv. II, 357 (*Q. robur*) : « dans nos bois. »

[**Quercus lanuginosa** Thuill. (*Q. pubescens* Willd.) ; Bois de
   Châlier, *S. Phil.* 15 ; cf. Pommiers, Car. 678.]

Q. pedunculata Ehrh. — Vaiv. II, 357 : « *bis,* nos bois. »

Fagus silvatica L. — Briss. 159 : « beau dans nos montagnes ;
   il était si nombreux en certains cantons, tel que le haut
   des paroisses de Saint-Just-d'Avray et de Ronno, qu'on
   y avait établi des ateliers de sabotiers... » — Vaiv. I, 28 ;
   II, 356 ; *S. Phil.* 13 ; Magn. 38.

Castanea vulgaris Lamk. — Briss. 158 : « plaine et coteaux ; »
   — Vaiv. I, 28 ; II, 355 ; Magn. 267, 332 ; terrains siliceux ; cf. St-L. 673.

Carpinus Betulus L. — Briss. 160 ; Vaiv. 359 ; *S. Phil.* 11 ;
   Magn. 38.

Betula alba L. — Vaiv. I, 27 ; II, 350 ; *S. Phil.* 13.

Alnus glutinosa Gærtn. — Briss. 175 : « *Verne ;* très commun
   aux bords de nos rivières du Rheins, du Trambouze, de
   Gand ; » — Vaiv. II, 351 ; *S. Phil.* 7.

A. incana DC. — Vaiv. II, 351.

Populus alba L. — Vaiv. I, 29 ; II, 376 ; *S. Phil.* 11, 25.

P. tremula L. — Vaiv. I, 29 ; II, 376 ; *S. Phil.* 13 ; Briss.
   161.

P. pyramidalis L. — Vaiv. I, 29 ; II, 377 ; *S. Phil.* 11.

P. nigra L. — Briss. 161 ; Vaiv. I, 29 ; II, 377 ; *S. Phil.*
   11, 25.

Salix alba L. — Briss. 176 ; Vaiv. I, 29 ; II, 369, 370 ; bords
   de la Saône, *S. Phil.* 11, Gill. 3.

S. vitellina L. — Vaiv. *id.*

S. fragilis L. — Vaiv. *id. ;* — Alix, Car. 684.

S. triandra L. — Vaiv. *id. ;* Gill. 3, bords de la Saône.

S. purpurea L. — Vaiv. *id. ; S. Phil.* 10 ; Gill. 3, bords de
   la Saône.

   Var. *S. Helix* L. — Vaiv. *id. ;* Gill. 3, plus commune
   que le type.

S caprea L. — Briss. 176 ; Vaiv. *id. ; S. Phil.* 13.

S. cinerea L. — Vaiv. *id. ;* bords de la Saône, Arnas, Belleville, etc., Gill. 3, Car. 688.

[**S. aurita** L. — Chervinges, *S. Phil.* 12, Car. 688.]

[**S. Seringeana** Gaud. — Bords de la Saône, près du Pont de
   Thoissey, Gill. 3.]

[**S. rubra** Hoffm. — Bords de la Saône, Gill. 3, Car. 689.]

Salix viminalis L. — Vaiv. *id.; S. Phil.* 10.

Conifères.

(Larix europæa DC. — Vaiv. II, 363 ? — Saint-Bonnet-sur-
Montmelas, *S. Phil.* 26, Car. 693.)

Abies pectinata DC. — Vaiv. I, 28 ; II, 362 (*Pinus picea*) :
« faux sapins de nos montagnes ; » Saint-Bonnet-sur-
Montmelas, Roche-d'Ajou, Saint-Rigaud, etc., voy. *S.
Phil.* 26 ; Gill. 16 ; Magn. *S. b. Lyon* IX, 321 ; *Végét.*
39, 40, 43, 273 ; etc.

A. excelsa DC. — Vaiv. I, 28 ; II, 362 (*P. abies*) : « Sapins de
la Grande-Chartreuse ; » on le trouve cependant mêlé au
précédent, mais bien plus rare, par ex. à Saint-Bonnet,
Roche-d'Ajou, Saint-Rigaud, *S. Phil.* 26 ; Magn.
39, etc.

Pinus silvestris L. — Briss. 160 ; Vaiv. I, 28 : « Bell. » ;
II, 361 : « bois de la Chaize ; » tous les monts du Beaujolais, principalement les chaînes siliceuses, Magn. 38,
43, 270.

Juniperus communis L. — Briss. 161 : « pas rare en Beaujolais ; » — Vaiv. II, 379 ; cf. *S. Phil.* 13, Gill. 14.

Asparaginées.

[Asparagus officinalis L. — Bords et îles de la Saône, Car.
699 ; Bourdelans, *S. Phil.* 25.]

Convallaria Polygonatum L. — Vaiv. I, 9 ; II, 109 ; *S.
Phil.* 15.

C. multiflora L. — Vaiv. II, 109 ; env. de Villefranche, *S.
Phil.* 14.

C. majalis L. — Vaiv. II, 109 ; bois de Châlier, *S. Phil.* 15 ;
bois de la Chaize, de Montout, etc., Gill. 15.

Maianthemum bifolium DC. — Vaiv. I, 9 : « trouvé au nord
de Brouilli ; » II, 109 : « en Brouilli et au Pilat depuis ; »
— Liergues, Alix, Car. 701.

Paris quadrifolia L. — Vaiv. II, 124 : « *P. quadrifolia* et
quinquefolia, Ajou, Chênelette et la Carelle » ; cf. Roche
d'Ajou, Grogn. in Gill. 18 ; Saint-Rigaud, *S. Phil.* 28 ;
mont. du Beaujolais, Car. 701.

Ruscus aculeatus L. — Vaiv. I, 30 : « Bell. » ; II, 331 : « à
Saint-Lager et Saint-Jean-d'Ardière, aux Jasserons. »

Tamus communis L. — Vaiv. I, 29 : « Bell. » ; II, 375 : « en Brouilli et surtout dans les bois de la Chaize ; » — bois de Châlier, *S. Phil.* 19.

AROIDÉES.

Arum vulgare L. —Briss. 175 : « hayes des montagnes ; » — Vaiv. I, 27 ; II, 338 : « nos hayes ; » *S. Phil.* 19.

[**A. italicum** Mill. — Cette espèce australe n'a pas été distinguée de la précédente par les anciens botanistes de la région, La Tourrette, Gilibert, Vaivolet, etc. ; Balbis *Fl. lyon.* 1827, I, 746) ne décrit aussi qu'une espèce, en donnant à l'*A. italicum*, comme synonyme, l'*A. maculatum* de ses prédécesseurs. L'*Etude des fleurs* de Chirat et Cariot (1re édit., 1841, t. I, p. 534 ; 2e édit., t. II, p. 452 ; 3e édit., t. II, p. 570 ; etc.) distingue les deux espèces et fait remarquer avec raison que l'*A. italicum* ne s'observe que dans les parties méridionales du Rhône, du Beaujolais et de l'Ain ; cf. Gleizé, *S. Phil.* 19.]

AMARYLLIDÉES.

Narcissus poeticus L. — Vaiv. I, 9 : « Bell. » ; II, 98 : « sur le sommet de St-Cyr-sur-Montmelard, au nord de Matour et dans nos prés de l'Ardière ; » Cariot n'indique aucune localité beaujolaise.

[**N. Pseudo-Narcissus** L. — Vaiv. II, 98, ne l'indique qu'à Pilat ;— Liergues, Arnas, Car. 705.]

[**N. incomparabilis** Mill. — Fleurie, Fray in Car. 706.]

[**Leucoium vernum** L. — Vaiv. II, 98, n'indique aussi que Pilat ; — Vauxrenard, dans le bois de la Roche-aux-Loups, Pulliat in Car. 706 ! ; Cenves, Ducrost !, Magn. 39, 503.]

LILIACÉES.

[**Tulipa silvestris** L. — Vignes de la zone calcaire, Limas, Charnay, St-Tryx et plus haut, à Dracé, Romanèche, Fleurie, etc. ; Méhu dans *S. bot. Lyon*, I, 78 ; *S. Phil.* 9 ; Car. 708 ; St-L. 694 ; Magn. 45.]

[**T. præcox** Ten. — Marcy-sur-Anse, Méhu, *S. bot. France*, 1875, session de Gap, p. xvii ; Car. 708 ; probablement subspontané.]

Fritillaria Mcleagris L. — Vaiv. II, 105 : « abondante dans les prairies vis-à-vis Mâcon, dans les prairies d'Anse (cette phrase est de Gilibert, mais Vaivolet l'adopte et ajoute :) et de la Saône ; (écrit. postér. :) près d'Outeri, au matin de Belleville ; » prairies des bords de la Saône de Mâcon jusqu'à Anse, cf. *S. Phil.* 10, Méhu p. x, Gill. 4, Car. 710, St-L. 695, Magn. 82.

[**Lilium Martagon** L. — Vaiv. ne l'indique qu'au Pilat, II, 101 ; cependant collines et montagnes beaujolaises, au bois de Châlier, *S. Phil.* 19 ; Alix, St-Cyr-de-Chatoux, Car. 101 ; Magn. 43, 48.]

Phalangium Liliago Schreb. — Vaiv. I, 9 : « Bell. » ; II, 106 : « commun en Brouilli et au bois de la Chaize ; » bois de Châlier, *S. Phil.* 19.

P. ramosum Lamk. — Vaiv. II, 106 : « commun en Brouilli et au bois de la Chaize. »

Scilla bifolia L. — Vaiv. II, 106 : « *ebracteata*, dans le voisinage du Crêt-David ; » — bois de Châlier, *S. Phil.* 8.

Sc. autumnalis L. — Vaiv. II, 106 ? ; — coteaux entre l'Arbresle et Nuelles ! Magn. 49.

(*Sc. nutans* Sm. ? *Sc. Lilio-hyacinthus* L. ? — Vaiv. a ajouté, après *Sc. bifolia* (ebracteata) : « *Sc. verna*, bracteis lineari-lanceol. — dans Ajou. » Parmi les Scilles munies de bractées (1), on peut songer au *Sc. Lilio-hyacinthus* L. qui se trouve dans les montagnes du Forez et au *Sc. nutans* Sm. (*Endymion nutans* Dum.) dont on a découvert récemment plusieurs localités dans la région lyonnaise ; voy. Car. 713 ; *Soc. bot. Lyon,* 10 mai 1885, p. 65.)

Gagea arvensis Schult. — Vaiv. I, 9 (*Ornithogalum minimum*) : « Bell. » ; II, 105 : « dans nos plaines ; » cf. env. de Villefranche, *S. Phil.* 8 ; Alix, Limas, Pommiers, Liergues, Chiroubles, etc. Car. 714, Magn. 44, 47.

Ornithogalum umbellatum L. — Vaiv. I, 9 : « Bell. » ; II, 105 : « Beauj. » ; env. de Villefranche, Châlier, *S. Phil.* 15 ; plaine du Beaujolais septentrional, Dracé, Gill. 4, Magn. 51.

---

(1) Le *Sc. verna* Huds. est une plante de la région pyrénéenne ; voy. St-L. 698.

Ornithogalum nutans L.— Vaiv. II, 106 ; subspontané, Dracé
Grogn., entre Crèches et Romanèche, Gill. 4, Magn. 51.

O. sulfureum Rœm. et Schult. — Vaiv. I, 9 (sub *O. pyre-
naico*) : « Bell. » ; II, 105 : « commune à Saint-Lager ; »
— env. de Villefranche, S. *Phil.* 15.

(O. pyrenaicum L. — Vaiv. I, 9 ; II, 105? — Bords de la
Saône, entre Quincieux et Anse, Car. 716.)

> Vaiv. indique encore, II, 105 :
>
> « *O. luteum* L., terres de Bourdelan, » qui n'est certainement
> pas le *Gagea lutea* Schult., mais peut-être une forme du *G. ar-
> vensis?*
>
> « *O. narbonense* L., en Beaujolais, » par erreur ; c'est une plante
> méridionale qui ne remonte pas si haut dans le bassin du
> Rhône. »

Allium Sphærocephalum L. — Vaiv. II, 99 ; env. de Villefranche, S. *Phil.* 28.

A. vineale L. — Vaiv. II, 99 ; S. *Phil.* 21.

[**A. complanatum** Bor.— Vignes entre Corcelles et Romanèche,
Gill. 9.]

[**A. paniculatum** L. — Gleizé, Car. 718.]

[**A. intermedium** DC.— Limas, S. *Phil.* 28.]

A. carinatum L. — Vaiv. II, 99.

A. acutangulum Schrad. — Vaiv. II, 99 (sub *A. anguloso*) ;
bords de l'Azergue sous Chazey ; bords de la Saône,
Bourdelans, etc., S. *Phil.* 25, Méhu p. xii, Car. 722,
Magn. 52.

A. ursinum L. — Vaiv. II, 99 : « dans les fossés de Bourdelan. »

Muscari racemosum Mill. — Vaiv. II, 109 (sub *Hyacyntho*):
« trop commun dans nos champs ; » cf. S. *Phil.* 10 ; Gill.
5, 9.

(M. botryoides DC. — Vaiv. II, 108 : « dans nos vignes. » ?)

M. comosum Mill. — Vaiv. II, 108 : « trop commun dans nos
terres ; » — Briss. 165 : « le *Vaciet* ; mauvaise plante
qui croît dans les blés..., presque toujours charbonnée,
etc... ; » cf. S. *Phil.* 15 ; Gill. 5.

Colchicacées.

Colchicum autumnale L. — Briss. 178 : « prés aux environs
de Villefranche ; » — Vaiv. II, 112 : « commun dans nos
prairies ; » cf. S. *Phil.* 7, 31 ; Gill. 6.

Iridées.

(**Iris germanica** L. — Vaiv. II, 13 : « commun à Chiroubles. »)

I. Pseudo-Acorus L. — Vaiv. II, 14 ; *S. Phil.* 19.

I. fœtidissima L. — Vaiv. II, 14 : « haies. »

[**Gladiolus segetum** Gawler. — Moissons à Nuelles ! Pélagaud !]

Orchidées.

Orchis hircina Cr. — Vaiv. I, 26 : « Bell. » ; II, 334 : « bois de la Chaize ; clos de St-Trys ; aux ignames à Pommier. »

O. ustulata L. — Vaiv. I, 26 : « Bell. » ; II, 332 : « trouvé à Rignié et à Saint-Lager. »

O. viridis Cr. — Vaiv. I, 26 : « Bell. » ; II, 334 : « prairies de Belleville. »

O. bifolia L. — La Tourr. *Chl.* 26 ; Vaiv. I, 26 ; II, 331 : « prairies de Bourdelans ; Brouilli ; bois le long de l'Ardière ; » — La Sévelette, *S. Phil.* 26.

[**O. montana** Schm. — Pic de Rotrou, à Vaux, Car. 732.]

O. pyramidalis L. — Vaiv. II, 331 : « plaine vis-à-vis Riottier ; massif calc. d'Oncin, à Bully, Car. 732, Magn. 49.

O. purpurea Huds. — Vaiv. I, 26 (sub *O. militari* ?) ; II, 332 ; — massif calcaire d'Oncin, à Bully, Car. 732.

(**O. militaris** L. — Vaiv. I, 26 ; II, 332 ? : « autour de l'ancienne tour de Riottier ; » cf. Car. 733.)

(*O. globosa* L. — Vaiv. II, 331 : « plaine vis-à-vis Riottier. » ?)

O. coriophora L. — Vaiv. II, 331 : « en montant au Crêt-David ; » il n'y a pas de localités beaujolaises dans Car.

O. Morio L. — Vaiv. I, 26 : « Bell. » ; II, 332 : « prairie de l'Ardière ; » cf. Gill. 6.

O. mascula L. — Vaiv. I, 26 : « Bell. » ; II, 332 : « prairies de l'Ardière ; » cf. Gill. 6 ; de Saint-Cyr à Rivollet, *S. Phil.* 13 ; Saint-Bonnet, Car. 735.

O. laxiflora Lamk. — Vaiv. II, 332 : « prairies de l'Ardière. »

O. palustris L. — Vaiv. II, 332 ? — Alix, Car. 736.

O. conopea L. — Vaiv. I, 26 : « Bell. » ; II, 333 : « nos prairies. »

Orchis maculata L. — Vaiv. II, 333 : « nos prairies ; » cf. Roche-d'Ajou, Grogn. in Gill. 18 ; env. de Villefranche, *S. Phil.* 19.

O. latifolia L. — Vaiv. I, 26 ; II, 333 ; *S. Phil.* 15.

[**O. incarnata** L. — Prairies de Saint-Fonds, près Villefranche, *S. Phil.* 15 ; pas de localités beaujolaises dans Cariot, 737.]

O. sambucina L. — Vaiv. I, 26 : « Bell. sommets de Saburin, Soberan, au midi de la Roche-Tachon ; » — II, 333 : « à Saburin ; sommet du bois de la Chaize ; à cent pas de la Roche-Tachon ; sommet de Soberan, montagne en soir de la commune de Marchampt, avec la variété *incarnata*, potiùs *purpurea* ». On doit à Vaivolet la première mention de cette espèce dans la région lyonnaise ; Car., p. 737, ne l'indique qu'à « Saint-Bonnet-sur-Montmelas, Roche-Tachon et Chénas » ; mais on la trouve dans toute l'étendue des monts beaujolais, depuis les Chatoux, au sud (Pélagaud, Magn. 43), jusqu'à Prusilly, au nord (Boullu, *S. bot. Lyon*, VIII, p. 332 ; St-L. 733 ;) — la var. *incarnata* Willd. non L. avait déjà été ajoutée par Vaivolet au *Chloris* (I, 26) sous le nom de var. B. *purpurea*.

Ophrys anthropophora L. — Vaiv. I, 26 : « Bell. » ; II, 335 ; cf. plateau calcaire d'Oncin, Bully, Car. 739 ; Magn. 49.

(**O. aranifera** Huds. — Beaujolais calcaire et méridional. ?)

O. fucifera Rchb. — Vaiv. I, 26 (*O. insectifera, arachnites*) : « Bell. » ; II, 335 : « en Brouilli et dans le clos de Saint-Try ; » pas de localités beaujolaises dans Car. 740.

(**O. apifera** Huds. — Beaujolais méridional ?)

O. muscifera Huds. — Vaiv. I, 26 (*O. myodes*) : « Bell. » ; II, 335 ; Beaujolais calcaire ; n'y est pas indiqué dans Car. 740.

Epipactis Nidus-avis All. — Vaiv. I, 26 : « Bell. » ; II, 334 : « bois de la Chaize ; » pas de stations beaujolaises dans Car. 741.

E. ovata All. — Vaiv. I, 26 : « Bell. » ; II, 335 : « dans nos bois, à la Carelle ; » — bois de Châlier, *S. Phil.* 19.

E. lancifolia DC. — Vaiv. I, 26 ; II, 336 : « sur nos montagnes ; » n'y est pas indiqué dans Car. 742.

E. ensifolia Sw. — Vaiv. I, 26 ; II, 336 : « sur nos montagnes » ; cf. Alix, Car. 742.

Epipactis rubra All. — Vaiv. I, 26: « Bell. » ; II, 336 : « bord
des bois d'Alix ; » cf. bois de Châlier, *S. Phil.* 22 ; plateau calcaire d'Oncin, à Bully, Car. 743, Magn. 49.

E. latifolia All. — Vaiv. I, 26 : « Bell. » ; II, 336 : « forêt de
la Carelle ; » Beaujolais calcaire, à Châlier, *S. Phil.* 22 ;
cf. Chervinges, Car. 743.

> Vaiv. signale encore, II, 336, un *Serapias latifolia, silvestris* « dans
> le bois de la Chaize. » — Il ajoute la note suivante concernant son
> mémoire dont il a été parlé plus haut : « mon sentiment sur le genre
> *Serapias* envoyé à la Société d'histoire naturelle de Lyon (1) ; rapport
> a été ordonné et fait par MM. Sionnet et Mouton de Fontenille ; on
> peut y recourir ; mon avis sur d'autres genres y est joint. »

[**Neottia æstivalis** DC. — Pré marécageux de Chênelette à la
Roche-d'Ajou, *S. Phil.* 29 ; F. Morel, *S. bot. Lyon*,
1884, pr. verb. p. 80 ; Cariot n'indique aucune localité
beaujolaise pour cette espèce assez rare.]

N. autumnalis Sw. — La Tour. *Chl.* 26 ; Vaiv. I, 26 (*Ophrys
spiralis*) : « Bell. » ; II, 334 : « à Rignié ; » probablement
tous les coteaux, bien que Car. ne le signale qu'en deçà
de l'Azergue, à Chasselay, etc.

HYDROCHARIDÉES.

Hydrocharis Morsus-ranæ L. — Vaiv. I, 30 : « Bell. » —
II, 377 : « fossés de Bourdelan ; » cf. Magn. 52 ; pas de
localités beaujolaises dans Car. 747.

[**Vallisneria spiralis** L. — Vaiv. II, 368 : « non vue ; » la
Vallisnérie s'est propagée récemment dans la Saône,
depuis Anse jusqu'à Mâcon ; voy. Méhu p. xiii ; Gill. 3 ;
Car. 747 ; St-L. 739 ; Magn. 52, 473.]

(*Helodea canadensis* Mich. — Plante américaine se naturali-
sant dans toute la région.)

ALISMACÉES.

Butomus umbellatus L. — Vaiv. I, 11 : « Bell. » ; II, 125 :
« fossés de Bourdelan » ; cf. Anse, etc., dans *S. Phil.* 25,
Méhu p. xi, Car. 748.

Sagittaria sagittæfolia L. — Vaiv. I, 28 : « Bell. » ; II, 354 :
« étangs de la Chaize et de Pierreux ; fossés de Bourde-

---

(1) C'est la Société d'agriculture ; voy. plus haut p. 8.

lan ; » cf. Anse, Arnas, etc., *S. Phil.* 25, Méhu p. xi,
Car. 749.

Alisma ranunculoides — Vaiv. II, 115 : « dans une mare à
Briante ; » pas d'indications dans Car. 750.

A. Plantago L. — Vaiv. II, 115: « très commun ; » *S. Phil.* 25,
Méhu p. xi.

[**A. lanceolatum** With. — Bourdelans, *S. Phil.* 25 ; Méhu
p. xi, etc.]

Triglochin palustre L. — Vaiv. II, 112 : « fossés de Bourdelan, étangs de Pierreux et de la Chaize ; » n'est indiqué
en Beaujolais ni dans *S. Phil.*, ni par Méhu, Car. 751.
A rechercher !

Joncacées.

[**Luzula Forsteri** DC. — Bois de Châlier, *S. Phil.* 15, — de
la Chaize, Montout, etc., Gill. 15.]

L. pilosa DC. — Vaiv. I, 10 : « Bell. » ; II, 111 ; bois de Châlier, *S. Phil.* 15 ; Roche d'Ajou, Grogn. in Gill. 18.

L. silvatica Gaud. — Vaiv. I, 10 (*Juncus pilosus*, γ *maximus*) :
« Bell. » ; II, 111 ; Beaujolais siliceux, cf. Gill. 15.

[**L. nivea** DC. — Saint-Bonnet-sur-Montmelas, Car. 754.]

L. campestris DC. — Vaiv. I, 10 ; II, 111 ; *S. Phil.* 11.

(**L. multiflora** Lej. — Montagnes du Beaujolais ?)

Juncus conglomeratus L. — Vaiv. II, 110: « commun. »

J. effusus L. — Vaiv. II, 110 : « commun. »

J. glaucus L. — Vaiv. II, 110 (an *J. acutus?*) : « prairies de
la Carelle ; » — env. de Villefranche, *S. Phil.* 24, etc.

[**J. squarrosus** L. — Chaussailles, Grogn. in Gill. 17 ; St-L.
750.]

[**J. lamprocarpus** Ehrh. — ? Vaiv. II, 110 (*J. articulatus*) ;
fossés de la plaine beaujolaise, Gill. 5 ; — des environs
de Villefranche, *S. Phil.* 28.]

[**J. acutiflorus** Ehrh. — ? Vaiv. *id.* ; Arnas, etc., Car. 759.]

J. obtusiflorus Ehrh. — Vaiv. II, 110 (*J. articulatus*): « à
Saint-Lager, en Briante. »

J. bufonius L. — Vaiv. II, 111.

J. tenageia L. — Anse, Car. 761 ; an *J. filiformis* Vaiv. II,
110: « fossés de Bourdelan » ? Cependant *J. bufonius*
Vaiv. II, 111.

J. compressus Jacq. — Vaiv. II, 110 (*J. bulbosus*) : « prairies
de la Carelle ; » Bourdelans, *S. Phil.* 18, Magn. 52.

TYPHACÉES.

Typha latifolia L. — Vaiv. I, 27 ; II, 342 : « étangs de Pierreux et de la Chaize ; » — de la plaine beaujolaise, *S. Phil*. 31, Gill. 5, etc.

T. angustifolia L. — Vaiv. *id.*

[**T. Martini** Jord. — St-Jean-d'Ardières ; Dracé ; Car. 762.]

Sparganium ramosum Huds. — Vaiv. I, 27 (*S. erectum* p. p.) ; II, 341 : « béal de nos moulins ; » marais, etc, *S. Phil*. 31, Méhu p. xi.

S. simplex Huds. — Vaiv. *id.* ; Bourdelans, Anse, Arnas, etc. Méhu p. xi, Car. 763.

CYPÉRACÉES.

(**Cyperus Monti** L. — Vaiv. II, 16 (sub *C. esculento* ?) : « fossés de Bourdelan et dans les étangs de Pierreux. »)

C. flavescens L. — Vaiv. II, 17 : « prairies de Lissieux et de la Chaize. »

C. longus L. — Vaiv. II, 16 : « fossés de Bourdelan et dans les étangs de Pierreux ; » pas d'indications beaujolaises dans Car. 764.

C. fuscus L. — Vaiv. II, 17 : « pr. humides. »

Schœnus mariscus L. — Vaiv. II, 15 : « dans les fossés de Bourdelan au midi de Villefranche ; » n'y est pas indiqué par *S. Phil.*, Méhu, Car. — Vaiv. signale aussi, *l. c.*, un *Sch. mucronatus* (à tige cylindrique !) dans les fossés de Bourdelans ?

[**Rhynchospora alba** Vahl. — Roche d'Ajou, Fr. Morel dans *Soc. bot. Lyon*, 1884, Proc. verb., p. 80 ; nouvelle localité à ajouter à Cariot.]

Scirpus palustris L. — Vaiv. II, 17 : « fossés de Bourdelan, étang de Pierreux, etc. ; » Bourdelans, *S. Phil*. 18, Méhu p. xi.

[**S. uniglumis** L. — Bourdelans, Arnas, *S. Phil*. 18, Car. 767.]

[**S. pauciflorus** Lightf. — Prairies d'Anse, Bourdelans, Méhu p. xi, Car. 767.]

S. acicularis L. — Vaiv. II, 17.

S. maritimus L. — Vaiv. II, 18 : « étangs de Pierreux et de la Chaize ; » — très-commun à Bourdelans, *S. Phil*. 18, Méhu p. xi, Car. 769, St-L. 759.

Scirpus silvaticus L. — Vaiv. II, 17 : « dans nos bois humides et proche la rivière d'Ardières ; » — env. de Villefranche, *S. Phil.* 19.

(**S. Michelianus** L. — Doit se retrouver dans le Beaujolais, le long de la Saône, etc.; cf. Car. 769, St-L. 759.)

S. setaceus L. — Vaiv. II, 17.

S. supinus L. — Vaiv. II, 17 ; — Romanèche, Car. 770.

[**S. holoschœnus** L. — St-Georges-de-Reneins, Car. 770 ; St-L. 760.]

S. lacustris L. — Vaiv. II, 17 ; *S. Phil.* 18 ; Méhu p. xi.

(**S. mucronatus** L. — Vaiv. II, 17 : « dans les fossés de Bourdelan ; étangs de la Chaize et de Pierreux ; » n'y est pas indiqué par *S. Phil.*, Méhu, Car. 771. Ne serait-ce pas plutôt le *Sc. Pollichii* Gr. God ?)

Eriophorum latifolium Hopp. — Vaiv. II, 18.

E. angustifolium Roth. — Chênelette, Grogn. in Gill. 17 ; cf. *E. intermedium* Bast., Chênelette, Car. 773.

La var. *Vaillantii* Poit. et Turp., au Pic de Chatoux, Car. 772.

[**Carex.** — Vaivolet ne signale pas de localités pour les *Carex;* il se borne à dire dans I, 27 : « Carices omnes in Bell. » et dans II, 342 : « presque tous les *Carex* de Linné sont dans le Beaujolais ; vous savez que la famille a prodigieusement augmenté ; *videant oculatissimi* ; » et il continue par la note que nous avons reproduite plus haut, p. 14 (1).

C. pulicaris L. — Chênelette, Sargn. 106 ; St-Rigaud à Fontbuzon, Amplepluis, Car. 774.

C. vulpina L. — Prairies de Bourdelans, *S. Phil.* 18, Méhu p. xii ; — de la plaine septentrionale, Gill. 5.

C. muricata L. — Env. de Villefranche, Limas, etc. *S. Phil.* 20.

C. Schreberi Schrk. — Env. de Villefranche.

C. leporina L. — Marais ?

C. stellulata Good. — Chênelette, Sargn. 106 ; St-Rigaud, Grogn. in Gill. 18.

C. canescens L. — St-Rigaud, Grogn. in Gill. 18.

---

(1) Je n'ai trouvé que fort peu de renseignements sur la dispersion des *Carex* dans le Beaujolais : aussi l'énumération suivante est-elle très incomplète.

Carex remota L. — Env. de Villefranche, Gleizé, *S. Phil.* 19.

C. vulgaris Fr. — Prés marécageux?

C. stricta Good. — Marais, fossés?

C. acuta L. — Bourdelans, *S. Phil.* 18, Méhu p. xii.

C. flava L., **C. Œderi** Ehrh. — Marais ?

C. Hornschuchiana Hoppe. — Chênelette, Sargn. 106.

C. distans L. — Prairies de Bourdelans, *S. Phil.* 19, Méhu
p. xii.

(**C. alba** L. — Arnas, au Tholeyron, Gandoger in Car. 789.)

C. silvatica Huds. — Env. de Villefranche, *S. Phil.* 18.

C. strigosa Huds. — Entre Thizy et St-Jean-la-Bussière, entre
Vaux et Avenas, Carriez in Car. 789.

C. ampullacea Good. — Bourdelans, Méhu p. xii.

C. riparia Curt. — Marais ?

C. nutans Host. — Bords de la Saône, Anse, Bourdelans, etc.
S. Phil. 18, Méhu p. xii, Car. 792.

C. præcox L. — *S. Phil.* 10.

C. polyrrhiza Wallr. — Chalier, *S. Phil.* 15.

C. tomentosa L. — Bourdelans, *S. Phil.* 18, Méhu p. xii.

C. humilis Leysser. — Pommiers ; pic de la Sévelette ; Car. 794.

C. digitata L. — Bois.

C. glauca L. — *S. Phil.* 12.

C. hirta L. — Bourdelans, *S. Phil.* 18, Méhu p. xii.]

Graminées.

Andropogon Ischæmum L. — Vaiv. I, 30 : « Bell. » ; II, 382 :
« à Charentai ; » — Roche-d'Ajou, *S. Phil.* 30.

Digitaria sanguinalis Scop. — Vaiv. II, 19 ; *S. Phil.* 24.

Panicum Crus-Galli L. — Vaiv. II, 18 ; *S. Phil.* 24.

P. verticillatum L. — Vaiv. II, 18 ; *S. Phil.* 24.

P. viride L. — Vaiv. II, 18 ; *S. Phil.* 24.

P. glaucum L. — Beaujolais méridional?

(**Tragus racemosus** Desf. — Vaiv. I, 30 : « Bell. » ; Beaujolais méridional ?)

Phalaris arundinacea L. — Vaiv. II, 21 ; « étangs de Pierreux et de la Chaize ; » — Bourdelans, *S. Phil.* 18,
Méhu p. xii ; bords de l'Ardière, Gill. 5.

[**Ph. canariensis** L. — Subspontané ; Arnas, Car. 800.]

Anthoxanthum odoratum L. — Vaiv. II, 10 : « paturages et
sur nos montagnes ; » *S. Phil.* 14.

Alopecurus pratensis L. — V*aiv*. II, 20 ; *S. Phil.* 22.

A. agrestis L. — V*aiv*. II, 20 ; *S. Phil.* 22.

A. geniculatus L. — V*aiv*. II, 20 ; plaine, G*ill*. 5.

[**A. utriculatus** Pers. — Anse, Bourdelans, Alix, Romanèche, Fleurie, etc., *S. Phil.* 18, M*éhu* p. xii, C*ar*. 802.]

Phleum Bœhmeri Wibel. — V*aiv*. II, 21 (*Phal. phleoides*) : « en Brouilli ; et sur toutes nos montagnes ; » C*ar*. ne l'indique pas en Beaujolais, p. 803.

P. pratense L. — V*aiv*. II, 20 : « très rare dans nos prés ; » env. de Villefranche, *S. Phil.* 22.

[**P. intermedium** Jord. — Limas, Pommiers, *S. Phil.* 17, C*ar*. 804].

P. præcox Jord. — V*aiv*. II, 20 (*Ph. nodosum* p. p.) ; env. de Villefranche, *S. Phil.* 18.

P. serotinum Jord. — St-Cyr-de-Chatoux, C*ar*. 804.

Chamagrostis minima Bork. — V*aiv*. II, 22 (*Agrostis*) ; vignes, *S. Phil.* 9, G*ill*. 5.

Cynodon dactylon Pers. — V*aiv*. II, 18 ; env. de Villefranche, *S. Phil.* 24 ; Corcelle, G*ill*. 9.

[**Leersia orizoides** Sw. — Anse, Bourdelans, M*éhu* p. xii, C*ar*. 805.]

Agrostis alba Schrad. — V*aiv*. II, 22 (*A. stolonifera* L.) : « dans nos champs. »

A. vulgaris With. — V*aiv*. II, 22 (*A. capillaris* L.) : « tous nos prés, *A. vulgaris* Pers. ; *A. capillaris* L. est merè alpina ; » cf. St-Bonnet, *S. Phil.* 26. — G*rogniot* a indiqué la var. *pumila* (*A. pumila* L.) à la Roche d'Ajou, G*ill*. 18.

A. Spica-venti L. — V*aiv*. II, 21 ; *S. Phil.* 22.

A. interrupta L. — V*aiv*. II, 22 : « dans nos champs. »

A. canina L. — V*aiv*. II, 22 : « dans quelques champs. »

[**Gastridium lendigerum** Gaud. — Chessy, Arnas, C*ar*. 811.]

Milium effusum L. — V*aiv*. II, 21 : « dans les bois au soir de la Roche-Tachon. »

Calamagrostis lanceolata Roth. — V*aiv*. II, 29 (*Arundo Calamagrostis*) : « étangs de Pierreux et de la Chaize. »

C. epigeios Roth. — V*aiv*. II, 29 (sub *Arundine*) ; Corcelles, G*ill*. 6.

(**Kœleria phleoides** Pers. — V*aiv*. II, 25 (*Poa cristata* ?) ; Beauj. méridional ?)

Kœleria cristata Pers. — V*aiv*. II, 25 (*Poa cristata.*)

Aira canescens L. — V*aiv*. II, 23 ; Beaujolais siliceux ?

A. cæspitosa L. — V*aiv*. II, 23.

A. flexuosa L. — V*aiv*. II, 23 ; Beaujolais siliceux, bois de Montout, de la Chaize, etc, G*ill*. 15, M*agn*. 38.

A. cariophyllea L. — V*aiv* II, 23 : « en Brouilli ; » — la Sévelette, *S. Phil.* 26.

[**A. agregata** Timeroy — Beaujolais granitique, Fleurie, etc., C*ar*. 818, S*t*-L. 800.]

A. præcox L. — V*aiv*. II, 23 ; sommets montagneux, G*ill*, 14 ; Chénas, à Rémond, C*ar*. 818.

Holcus mollis L. — V*aiv*. I, 30 ; II, 382.

H. lanatus L. — V*aiv*. I, 30 ; II, 382 ; *S. Phil.* 22.

Arrhenaterum elatius M. et K. — V*aiv*. II, 27 (sub *Avena*) : « commune ; » *S. Phil.* 22.

Avena fatua L. — V*aiv*. II, 27 ; *S. Phil.* 22 ; G*ill*. 4.

A. pubescens L. — V*aiv*. II, 27 ‖ **A. pratensis** L. — V*aiv*. II, 28.

A. flavescens L. — V*aiv*. II, 28 ; env. de Villefranche, *S. Phil.* 22 ; Corcelles, G*ill*. 6.

Danthonia decumbens DC. — V*aiv*. II, 26 : « commune dans le Beaujolais ; » cf. Roche d'Ajou, G*rogn*. in G*ill*. 18 ; Beauj. siliceux, où C*ar*. ne l'indique pas.

[**Melica glauca** Schul. — Plateau calcaire d'Oncin, l'Arbresle, etc. M*agn*. 49 ! C*ar*. ne l'y mentionne pas, 824 ; Vaivolet ne l'indique qu'à Tournon.]

M. nutans L. — V*aiv*. II, 23 : « dans nos bois, mais rare. »

M. uniflora Retz. — V*aiv*. II, 23 : « *M. Lobelii* Vill., *M. uniflora*, la plus commune sur nos montagnes ; » cf. bois de Châlier, *S. Phil.* 22.

Phragmites communis Trin. — V*aiv*. II, 28 : « dans les prés de Bourdelan ; étangs de la Chaize et de Pierreux. »

Poa megastachya Kœl. — V*aiv*. II, 24 (*Briza eragrostis.*)

P. eragrostis L. — V*aiv*. II, 25.

P. pilosa L. — V*aiv*. II, 24 ; cf. plaine beaujolaise, bords de la Saône, G*ill*. 5.

P. annua L. — V*aiv*. II, 24 ; *S. Phil.* 17.

P. bulbosa L. — V*aiv*. II, 25 ; *S. Phil.* 17 ; — var. *vivipara*, G*ill*. 13.

P. nemoralis L. — V*aiv*. II, 25 : « bois de Cercié ; » — env. de Villefranche, *S. Phil.* 21.

Poa serotina Gaud. — V~AIV~. II, 24 (*P. palustris*) : « dans nos
  marais. »

P. trivialis L. — V~AIV~. II, 24.

P. pratensis L. — V~AIV~. II, 24 ; *S. Phil.* 22 ; la var. *angustifolia* L. aussi dans V~AIV~. II, 24.

P. compressa L. — V~AIV~. II, 25 ; *S. Phil.* 23.

(Glyceria airoides Rchb. — V~AIV~. II, 22, sub *Aira aquatica* ?
  « var. *uniflora* à la Carelle. »)

Gl. spectabilis M. et K. — V~AIV~. II, 24 (*Poa aquatica*) : « dans
  les étangs de Pierreux et de la Chaize ; » — à Anse,
  Bourdelans, F~RAY~, *S. Phil.* 25, M~ÉHU~ p. xii, C~AR~. 832.

Gl fluitans Wahlb. — V~AIV~. II, 26 (sub *Festuca*) ; env. de
  Villefranche, *S. Phil.* 21.

[**Gl. plicata** Fr. — Arnas, C~AR~. 832.]

Briza media L. — V~AIV~. II, 23 ; *S. Phil.* 22.

Cynosurus cristatus L. — V~AIV~. II, 22 : « si commun dans
  nos prés. »

Dactylis glomerata L. — V~AIV~. II, 22 ; *S. Phil.* 22.

Festuca bromoides L. — V~AIV~. II, 25 : « sables secs. »

F. sciuroides Roth — V~AIV~. II, 25 (*F. bromoides* p. p.)

F. myuros L. — V~AIV~. II, 26 : « très commun ; » probablement
  les *F. pseudomyuros* Soy.-Will., et *F. ciliata* DC.

F. rigida Kunth — V~AIV~. II, 24 : « proche le Crêt-David ; » —
  Buisante, *S. Phil.* 17.

F. tennifolia Sibth.

F. duriuscula DC. —V~AIV~. II, 26 ; avec la var. *glauca* Lamk. ;
  S. Phil. 22 ; G~ILL~. 14.

F. rubra L. — V~AIV~. II, 26 ; *S. Phil.* 17.

[**F. heterophylla** Lamk. — Bois de la Sévelette, de la Chaize,
  de Montout, etc., *S. Phil.* 26, G~ILL~. 15, M~AGN~. 38, 42 ;
  Cariot ne donne pas de localité beaujolaise.]

[**F. silvatica** Vill. — Montagnes du Beaujolais, C~AR~. 839.]

F. cærulea DC. — V~AIV~. II, 23 : « commun à Chênclette. »

F. pratensis Huds .— V~AIV~. II, 26 (*F. elatior* L.) : « dans les
  prés et dans les forêts ; » cf. plaine beaujolaise, G~ILL~. 6 ;
  env. de Villefranche, *S. Phil.* 22.

[**Brachypodium silvaticum** P. de Beauv. — Bois, *S. Phil.*
  21.]

B. pinnatum P. de Beauv. — V~AIV~. II, 27 (sub *Bromo*) ; *S.
  Phil.* 22.

Bromus sterilis L. — Vaiv. II, 27 ; *S. Phil.* 21.

B. tectorum L. — Vaiv. II, 27 ; env. de Villefranche, *S. Phil.* 18.

(B. giganteus L. — Vaiv. II, 27. ?)

[**B. erectus** Huds. — ?]

B. secalinus L. — Vaiv. II, 26.

B. arvensis L. — Vaiv. II, 26 ; *S. Phil.* 21.

B. mollis L. — Vaiv. II, 26 ; *S. Phil.* 21.

B. squarrosus L. — Vaiv. II, 26 : « dans nos bleds. »

[**Gaudinia fragilis** P. de Beauv. — La Lime, Gill. 9 ; Vaivolet dit (II, 28, *Avena fragilis*) : « je ne le connais point. »]

(Nardurus tenellus Rchb. — Briss. 162 : « *Triticum tenellum,* c'est ce qu'on croit la *Moucherie* dont il a été parlé (1) ; » — Vaiv. II, 31 (*Triticum tenellum*) : « trop commun sur nos montagnes où il est appelé la *moucherie.* » Ne serait-ce pas le *Nardus stricta* L. ; voy. plus bas.)

N. Lachenalii Gr. God. — Coteaux et monts du Beaujolais ?

Agropyrum caninum Rœm. et Sch. — Vaiv. II, 30 (sub *Elymo*) : « près du bourg de St-Lager. »

A. repens P. Beauv. — Vaiv. II, 31 ; *S. Phil.* 22.

A. campestre Gr. God.

Hordeum murinum L. — Vaiv. II, 30 ; *S. Phil.* 21.

H. secalinum Schreb. — Vaiv. II, 31 ; Dracé, Car. 848.

Lolium perenne L. — Vaiv. II, 29 ; *S. Phil.* 21.

[**L. italicum** Al. Br. — Subspontané.]

[**L. rigidum** Gaud. — Quincié, Gill. 13.]

L. temulentum L. — Vaiv. II, 29 : « trop commun ; » *S. Phil.* 22.

[**L. arvense** With. — Bully, Car. 850.]

Nardus stricta L. — Vaiv. II, 18 : « (addition) trop commun dans les prairies de Chênelette ; » cf. Roche-d'Ajou, Grogn. in Gill. 18 ; coteaux et montagnes granitiques

---

(1) A la page 143 de l'ouvrage de Brisson, on lit en effet : « La *moucherie* est une plante tantôt à épis et tantôt à panicules, qui, dans les mauvaises années, sort en certaines terres maigres et élevées, avec tant d'abondance parmi les seigles que les laboureurs ne doutent point que ce ne soit le seigle même qui s'est changé en moucherie. Les paroisses de Thel, de Ranchal et des environs y sont fort sujettes.... ; les botanistes la croient une *yvraie,* d'autres un *triticum tenellum.* »

du Beaujolais, cf. St-L. 824 ; voy. plus haut : *Nardurus tenellus*.

POTAMOGÉTONÉES.

Potamogeton. — Vaivolet dit en général : « tous ces Potamogétons (ceux non placés entre crochets) se trouvent soit dans le grand fossé de Bourdelan, soit dans les étangs de Pierreux et de la Chaize. » II, 43.

P. densus L. — Vaiv. II, 43 ?. avec la var. *P. serratus* L.

P. natans L. — Vaiv. II, 43 : « fossés de Bourdelan ; » cf. Méhu p. xi.

(P. fluitans Roth. — ?)

P. heterophyllus Schreb. — Vaiv. II, 44 (sub *P. gramineo*) ; avec la var. *gramineus* L.

P. lucens L. — Vaiv. II, 43 ; Bourdelans, Méhu p. xi.

[**P. perfoliatus** L. — Bourdelans, Méhu p. xi.]

P. crispus L. — Vaiv. II, 43 ; Bourdelans, Méhu p. xi.

(P. compressus L. — Vaiv. II, 44.)

P. pusillus L. — Vaiv. II, 44 ; Roche d'Ajou, *S. Phil.* 29 ; bords de la Saône, Gill. 3 ; Magn. 52.

[**P. Berchtoldi** Fieb. — Arnas, dans les fossés de Boitray, Gdgr. in Car. 854.]

P. pectinatus L. — Vaiv. II, 44 ; cf. bords de la Saône dans l'Ain, Car. 855.

[**Zanichellia repens** Bœnng. — Saône, à Arnas, Car. 855 ; — Vaivolet dit : « je ne l'ai jamais vue ; » II, 336.]

[**Naias major** Roth. — Saône, à Arnas, Car. 855.]

[**N. minor** All. — Saône, à Arnas, Car. 856. — Vaivolet dit aussi ne pas les avoir vues, II, 368.]

LEMNACÉES.

Lemna trisulca L. — Vaiv. II, 340 ; Arnas, Car. 857.

L. minor L. — Vaiv. *id.* ; *S. Phil.* 19.

L. gibba L. — Vaiv. *id.* ; cf. rive gauche de la Saône, à Thoissey, Car. 857.

L. polyrrhiza L. — Vaiv. *id.* ; Arnas, Car. 858.

ÉQUISÉTACÉES.

Equisetum silvaticum L. — Vaiv. I, 31 : « Bell. » ; II, 390 ; probablement les bois humides des montagnes beaujolaises, bien qu'il n'y ait pas de localités citées dans CAR. 857.

Equisetum arvense L. — VAIV. I, 31 : « Bell. » ; II, 391 ; *S. Phil.* 7.

E. maximum Lamk. — VAIV. II, 391 (sub *E. fluviatile?*) : « sur les rives de la Saône. »

E. palustre L. — VAIV. I, 31 : « Bell. » ; II, 390.

E. hyemale L. — VAIV. I, 31 : « Bell. » ; II, 391.

FOUGÈRES.

Ophioglossum vulgatum L. — VAIV. I, 31 : « Bell. » ; II, 392 : « dans de vieux puits ; » Vaivolet a certainement voulu indiquer par cette station la Scolopendre ! — L'Ophioglosse se trouve cependant dans le Beaujolais, à Anse, Bourdelans, Gleizé, Alix, etc., BOULLU, *S. Phil.* 14, MÉHU p. XII, CAR. 860, MAGN. 49, 53.

[**Botrychium Lunaria** Sw. — LA TOURR. *Chl.* 31 : « Bell. M. ; β *minor*, Bell. M. » ; — Pic de Rotrou, près Vaux, Sévelette, CAR. 861, MAGN. 43. Vaivolet ne l'indique qu'au revers de la Moucherolle, II, 392.]

Polypodium vulgare L. — VAIV. II, 394 : « *minus*, nos bois ; *majus*, Tournon ; » *S. Phil.* 13.

[**P. Phegopteris** L. — St-Rigaud et bois de la Faye, CAR. 862, ST-L. 827.]

P. Dryopteris L. — VAIV. I, 31 : « Bell. » ; II, 395 : « montagne d'Ajou ; » cf. Haut-Beaujolais granitique, à St-Rigaud, Aujoux, CAR. 862, ST-L. 828, MAGN. 40.
(Vaivolet indique le *P. rhœticum* dans le Beaujolais (I, 31), à la Roche-d'Ajou (II, 395), probablement par la même erreur que La Tourrette le citant dans les monts du Lyonnais, *Chl.* 31.)

Ceterach officinarum DC. — VAIV. I, 31 : « Bell. » ; II, 396 : « à Pommiers ; sur les murs et nos rochers ; » cf. Châlier, *S. Phil.* 8 ; Villié, Lancié, Morgon, etc., GILL. 13.

Aspidium Lonchitis Sw. — VAIV. I, 31 : « Bell. » ; II, 394 : « en Beaujolais ; » Cariot ne l'y indique pas, 865.

A. aculeatum Dœll. — VAIV. I, 31 : « Bell. » ; II, 395 : « grande et petite espèce dans le vallon du bois de la Chaize, au matin du 1er chemin qui traverse le bois ; » cf. bois de la Chaise, de Montout, etc., GILL. 15. Pas de localités beaujolaises dans CAR. 865.

[**Polystichum Oreopteris** DC. — Roche-d'Ajou, Grogn. in Gill. 18.]

P. Thelypteris Roth. — Vaiv. II, 395 : « dans nos montagnes ; » mont Soberan, Magn. ! ; pas d'indication dans Car. 866. — C'est à cette espèce qu'il faut rapporter l'*Acrostichum ilvense* du *Chloris* de La Tourrette et des annotations de Vaivolet à cet opuscule I, 31 : « Bell. » ; dans les notes de l'*Hist. des pl.* (II, 393) Vaivolet dit : « l'*Acrostichum ilvense* du *fl. dan.* t. 391, est une erreur grave ; j'en ai fait la démonstration que je vous communiquerai : (*écrit. post.*) elle a été envoyée à la Soc. d'hist. natur. de Lyon. » Dans ce mémoire, adressé à la *Société d'agriculture* de Lyon, en 1806, Vaivolet montre qu'il s'agit du *Polystichum Thelipteris junius* ; voy. plus haut, p. 8.

P. Filix-mas Roth. — Vaiv. I, 31 : « Bell. » ; II, 395 : « Bois de la Chaize et Ajou : » — *S. Phil.* 25.

P. spinulosum DC. — Vaiv. II, 394 : « *ter. spinulosum* Retz, montagne d'Ajou ; » cf. Roche-d'Ajou, d'après Grogn. in Gill. 18 ; pas de stations beaujolaises dans Cariot.

P. dilatatum DC. — Vaiv. 394 : « *bis. aristatum* Villart, montagne d'Ajou ; » cf. Roche-d'Ajou, Grogn. in Gill. 18 ; pas de stations beaujolaises dans Cariot.

(**P. cristatum** Roth. — Vaiv. I, 31 : « Bell. » ; II, 394 : « nos montagnes. »)

Cystopteris fragilis Bernh. — La Tourr. *Chl.* 31 : « Bell. M. » ; — Vaiv. sub *Polypodio fragile* et P. *regio* :

« P. *fragile :* I, 31, « Bell. » ; II, 395, « seulement à Tournon ; »

P. *regium :* I, 31, « Bell. » ; II, 395, « en Brouilli, sous la grosse roche appelée *Pierre-vit-d'âne.* » — Cariot n'indique aucune localité beaujolaise pour le *Cystopteris fragilis.*

Athyrium Filix-fœmina Roth. — Vaiv. I, 31 : « Bell. » ; II, 395 ; — la Sévelette, *S. Phil.* 26. — La forme *acrostichoideum* Bory, à Vaux, St-Bonnet-sur-Montmelas, Car. 869.

Vaivolet indique, après le *Polypodium Filix-fœmina* (II, 395), deux autres Fougères, difficiles à déterminer :

« *bis. P. molle* Villart, Retz ; bois de Briante ;

« ter. *P. fragrans?* Bois du Thin, entre La Carelle et le château
de Bacot à St-Christophe; » ce ne peut être le *Polystichum rigidum*
DC.)

Asplenium septentrionale Sw. — Vaiv. I, 31 : « Bell. » ; II,
393 : « sur tous nos rochers ; » cf. rochers granitiques,
Gill. 14, Magn. 37, 42.

A. Trichomanes L. — Vaiv. I, 31 : « Bell. » ; II, 397 : « nos
hayes ; » *S. Phil.* 8.

A. germanicum Weiss. — Vaiv. II, 397 : « j'ai trouvé aux
voûtes de la Chaize une variété ou espèce que les uns
appellent *alternifolium*, les autres *germanicum*. »

A. Ruta-muraria L. — Vaiv. II, 397 : « nos murs ; » *S.
Phil.* 8.

A. Adiantum-nigrum L. — Vaiv. I, 31 : « Bell. » ; II, 397 :
« charmante espèce, etc. ; » — de Saint-Bonnet à la
Sévelette, *S. Phil.* 27 ; bois de la Chaise, etc., Gill. 15.

Scolopendrium officinale Sw. — Vaiv. I, 31 : « Bell. » ; II,
396 : « nos rochers ; » Arnas, Car. 871.

Blechnum Spicant Roth. — La Tourr. *Chl.* 30 : « Bell. M. » ;
Vaiv. I, 30 : « Bell. » ; II, 392 : « forêt de la Faye et
montagne d'Ajou ; et roche d'Ajou ; » cf. St-Rigaud,
Ajoux, Pierrefiland, Pic de Chatoux, Car. 871.

Pteris aquilina L. — Briss. 176 ; — Vaiv. I, 31 : « Bell. » ; II,
393 : « trop commun ; » *S. Phil.* 31.

> (L'*Adiantum Capillus-Veneris* L. est indiqué dans : « Bell.» par
> La Tourrette, *Chl.* 31 ; Vaivolet ne répète pas cette citation ; dans
> II, 398, il dit seulement : « je l'ai moi-même cueilli à Fontanières, »
> où il croit encore de nos jours ; cf. les Étroits, Car. 872, etc.)

MARSILIACÉES.

Pilularia globulifera L. — Vaiv. II, 399 : « étang de Pierreux ; » nouvelle localité à ajouter à Cariot, p. 873, qui
n'en donne aucune pour le département du Rhône.

(*Salvinia natans* Hoffm. — Vaiv. II, 398 : « étang de la
Chaize ; » à vérifier, quoique bien douteux ?)

LYCOPODIACÉES.

Lycopodium clavatum L. — Vaiv. I, 32 : « Bell. » ; II, 399 :
« sur la commune de Patou, au midi du sommet d'Ajou. »
C'est encore la première indication de cette plante dans

les monts du Beaujolais, où elle n'a pas été signalée depuis ; voy. CAR. 874, etc.

[**L. inundatum** L. — Indiqué à Chazay-d'Azergues, depuis Gilibert *(Hist. des pl.*, 1ʳᵉ *édit.*, 1798, t. I, p. 400) ; voy. CAR. 875, ST.-L. 840, etc.]

CHARACÉES (1).

Chara fœtida Al. Br. — VAIV. II, 339 (sub *Ch. vulgari.*)

Chara hispida L. — VAIV. II, 339 : « étangs de Pierreux et de la Chaize. »

C. aspera Willd. — VAIV. II, 339 (sub *C. tomentosa)* ; cf. alluvions de la Saône, MAGN. 52.

C. flexilis Vill. — VAIV. II, 339 : « étangs de Pierreux et de la Chaize ; » — Arnas, CAR. 879.

Les annotations de VAIVOLET renferment encore des indications intéressantes concernant les autres Cryptogames ; je relève ci-dessous les principales pour les Mousses et les Champignons.

MOUSSES.

Sphagnum palustre. — I, 32 ; II, 400 : « commune à Chênelette ; » les prairies de Chênelette renferment en effet, d'après M. Sargnon, *l. c.* p. 106, les *Sph. acutifolium* Ehrh., *S. cymbifolium* Ehrh., *S. rigidum* Sch.

[*Phascum acaulon.* — Sur les montagnes, près de Beaujeu, GILIB. I, p. 400.]

Fontinalis antipyretica. — I, 32 ; II, 400 : « commune dans l'Ardière. »

Buxbaumia aphylla. — II, 401 : « trouvé récemment par M. Coupier de Viry. »

B. foliosa. — II, 401 : « bois de Troncy, à Azolette. »

Mnium pellucidum. — I, 32 ; II, 402 : « bois de la Chaize. »

M. androgynum. — Id. : « bois de la Chaize. »

---

(1) C'est pour suivre entièrement l'ordre des familles de l'*Étude des fleurs* de CARIOT que je conserve ici les CHARACÉES, qui doivent être placées près des ALGUES.

M. fontanum. — Id : « et dans la forêt de la Faye. »

M. palustre. — II, 402 : « forêt de la Faye. »

M. hygrometricum. — I. 32 ; II, 402 : « id. »

M. purpureum. — Id. : « id. »

Dans le *Chloris*, p. 32, Vaivolet avait fait suivre du mot « Bell. » les autres Muscinées suivantes :

Polytrichum majus, mas.
Mnium hygrometricum.
M. setaceum.
M. hornum.
M. punctatum.
M. cuspidatum.
M. undulatum.
Bryum apocarpum.
B. striatum.
— minus.
— crispum.
B. pomiforme.
B. extinctorium.
B. subulatum.
B. rurale.
B. murale.
B. scoparium.
B. undulatum.
B. verticillatum.
B. æstivum.
B. trichodes.
B. pulvinatum.
B. carneum.
B. simplex.
Hypnum undulatum.
H. crispum.
H. triquetrum.
H. rutabulum.
H. filicinum.
H. proliferum.
H. parietinum.
H. crista-castrensis.
H. abietinum.
H. aduncum.
H. compressum.
H. squarrosum.
H. curtipendulum.
H. riparium.
H. cuspidatum.
H. serpens.
H. myosuroides.
Jungermannia asplenioides.
J. lanceolata.
J. bidentata.
J. bicuspidata.
J. complanata.
J. dilatata.
J. tamarisci.
J. platyphylla.
Marchantia hemisphærica.

Dans les annotations à *l'Hist. des pl.*, Vaivolet se borne à dire : « tous les Mnys précédents ou dans le bois de la Chaize, ou à Ajou, ou dans la forèt de la Faye ; entre Azolette et St-Germain ; — dans les mêmes lieux, la plus grande partie des Brys, des Hypnes de Linné : II, 404. » On lit cependant, p. 414, 415 :

Marchantia polymorpha. — Bois de Courroux.

Riccia fluitans. — Trouvé proche de l'Ardière.

Ajoutons encore les indications postérieures suivantes :

Leucobryum glaucum, dans les bois de la Chaize, etc. GILL. 15.

Hedwigia ciliata, id. GILL. 15.

Hypnum abietinum, id. GILL. 15.

H. Crista-castrensis, à la Roche d'Ajou, SARGN. 106.

CHAMPIGNONS.

« *Phallus impudicus*, abondant dans la forêt d'Ajou et de la
Carelle ; dans cinq quarts d'heure, montre en main, je
lui ai vu prendre tout son accroissement. Quelquefois le
chapeau cellulaire se couvre d'une matière glutineuse
verdâtre ; les mouches à viande s'y attachent, dévorent
ce vernis, en crèvent suivant un auteur ; et le chapeau
reste pour lors purement cellulaire, blanc ou grisâtre.
L'œuf qui donne naissance à cette merveilleuse produc-
tion est blanc, de la grosseur d'un œuf de poule, mais
rond et tient assez profondément dans terre, à un fil ou
deux blanchâtres ; » II, 430.

« *Lycoperdon tuber*; trouvé à Pommiers ; délicieuse. — La var.
blanche est celle de l'année, moins odorante ; » II, 433.

« *L. cervinum*; trouvé dans nos montagnes ; vénéneuse et
rare ; » II, 433.

Voyez encore les notes que j'ai reproduites dans l'introduction, p. 14.

On trouvera aussi, dans le mémoire de M. GILLOT, (p. 27 à
30), des observations très intéressantes sur un certain nombre
de Champignons observés dans les environs de Beaujeu, de Chè-
nelette, au Tourvéon, dans les bois de Quincié, de Montout,
aux environs de Corcelles, etc. ; nous y renvoyons le lecteur.

Enfin, j'ai moi-même observé, pendant mes explorations des
montagnes beaujolaises, de nombreux *Lichens* qui feront l'objet
d'une note spéciale.

Pour donner une idée plus complète de l'importance des observations de Vaivolet et faciliter les recherches, je réunis, dans
les deux séries suivantes, les plantes les plus intéressantes énu-
mérées par localités, et les espèces qui n'ayant pas encore été
signalées depuis Vaivolet par les floristes, peuvent être considé-
rées comme nouvelles pour la flore du Beaujolais.

A. *Enumération des principales espèces par localités :*

Montagnes et Roche d'Ajou (St-Rigaud, etc.) : Circæa
lutetiana, C. alpina, Lysimachia nemorum, Campanula rhom-

boidalis, Illecebrum verticillatum, Bunium Bulbocastanum, Sison verticillatum, Sambucus racemosa, Scilla verna, Epilobium spicatum, E. tetragonum, Campanula hederacea, Ribes petræum, Vaccinium Myrtillus, Daphne Mezereum, Paris quadrifolia, Monotropa hypopitys, Pirola rotundifolia, Chrysosplenium oppositifolium, Stellaria nemorum, Prunus avium, Sorbus Aucuparia, Rubus idæus, Tilia europæa, Aconitum lycoctonum, Stachys hirta, Thlaspi montanum, Cardamine amara, Ornithopus perpusillus, Corydalis solida, C. fabacea ?, Orobus silvaticus, O. vernus, Hypericum hirsutum, H. pulchrum, Sonchus Plumieri, Gnaphalium silvaticum, Matricaria Parthenium, Senecio viscosus, S. silvaticus, S. Fuchsii, Impatiens Noli tangere, Acer Pseudoplatanus, Blechnum Spicant, Polystichum dilatatum, P. spinulosum, Polypodium Filix-mas, P. dryopteris, Lycopodium clavatum.

La Carelle : Circæa lutetiana, Aira aquatica var. uniflora, Alchemilla vulgaris, Ilex sempervirens, Lysimachia nemorum, Verbascum nigrum, Campanula hederacea, Lonicera quercifolia, Sanicula europæa, Linum catharticum, Epilobium spicatum, Vaccinium Myrtillus, Paris quadrifolia, Monotropa hypopitys, Dianthus Armeria, Stachys betonicifolia, S. hirta, Digitalis minor, Veronica scutellata, V. montana, Alchemilla vulgaris, Lysimachia vulgaris, L. punctata?, L. nemorum, Sison verticillatum, Parnassia palustris, Drosera rotundifolia, Juncus acutus, J. bulbosus, Epilobium palustre, Sedum villosum, Comarum palustre, Scutellaria minor, Lotus uliginosus, Gnaphalium silvaticum, Matricaria Parthenium, Senecio silvaticus, S. viscosus, S. Fuchsii, Epipactis ovata, E. latifolia.

Chénelette : Veronica dioica, Nardus stricta, Veronica montana, Melica cærulea, Lysimachia nemorum, Anagallis tenella, Menyanthes trifoliata, Verbascum nigrum, Bunium Bulbocastrum, Sium inundatum, Parnassia palustris, Drosera rotundifolia, Paris quadrifolia, Sedum villosum, Comarum palustre, Ranunculus aconitifolius, Scutellaria minor, Gnaphalium uliginosum, Littorella lacustris, Sphagnum, etc.

Bois de Courroux: Lonicera nigra, Drosera rotundifolia, D. longifolia, Chrysosplenium oppositifolium, Ch. alternifolium, Rubus idæus, R. cæsius, Gnaphalium dioicum.

Tourvéon : Lonicera nigra, Ribes alpinum, Sambucus racemosa, Prunus avium, Sorbus aucuparia.

Brouilly : Jasminum fruticans, Veronica prostrata, Phleum Bœhmeri, Aira caryophyllea, Aphanes arvensis, Athamanta Cervaria, Linum catharticum, Berberis vulgaris, Anthericum ramosum, A. Liliago, Convallaria bifolia, Epilobium spicatum, Saxifraga granulata, Dianthus carthusianorum, Euphorbia dulcis, Sorbus aria, S. torminalis, S. domestica, Rubus cæsius, Aquilegia vulgaris, Betonica officinalis, Melittis melisso-phyllum, Digitalis lutea, Thlaspi montanum, Orobus niger, Trifolium rubens, T. alpestre, Hypericum montanum, H. hir-sutum, H. pulchrum, Inula salicina, I. hirta, Centaurea nigra, Orchis bifolia, Ophrys arachnites, Tamus communis, Cystopte-ris fragilis.

La Chaize : Circæa lutetiana, Rhamnus catharticus, Vitis labrusca, Sanicula europæa, Athamanta Oreoselinum, Anthe-ricum ramosum, A. Liliago, Epilobium spicatum, Monotropa hypopitys, Saxifraga granulata, Dianthus carthusianorum, Spergula pentandra, Ajuga genevensis, Stachys arvensis, Digitalis purpurea, Cochlearia Draba, Thlaspi montanum, Turritis glabra, Astragalus glycyphyllos, Hypericum hirsu-tum, Matricaria Parthenium, Chrysanthemum corymbosum, Senecio viscosus, Doronicum pardalianches, Centaurea nigra, Orchis sambucina, O. hircina, O. Nidus-avis, Tamus commu-nis, Polypodium Filix-mas, P. aculeatum.

Saburin : Arenaria trinervia, Stellaria uliginosa, Ranun-culus hederaceus, Anarrhinum bellidifolium *var.* album, Orchis sambucina.

Crêt-David : Poa rigida, Libanotis montana, Scilla bifolia, Adoxa moschatellina, Actæa spicata, Tilia europæa, Ranuncu-lus auricomus, R. lanuginosus ?, Digitalis purpurea, D. lutea, Dentaria digitata, Lathyrus heterophyllus, Trifolium alpestre, Orchis coriophora, Mercurialis perennis, Acer Pseudoplatanus.

Roche-Tachon : Millium effusum, Pulmonaria affinis ? Campanula patula, Ranunculus auricomus, Dentaria pinnata, Trifolium aureum, Orchis sambucina, Mercurialis perennis.

St-Cyr-sur-Montmelas : Narcissus poeticus, Asarum euro-pæum.

Bords et prairies de l'Ardière : Scirpus silvaticus, Dip-sacus pilosus, Lithospermum officinale, Symphytum officinale, S. tuberosum, Lysimachia thyrsiflora?, Ribes rubrum, Ange-lica silvestris, Pastinaca silvestris, Ægopodium Podagraria,

Narcissus poeticus, Rumex sp., Epilobium hirsutum, Saponaria officinalis, Stellaria graminea, St. glauca, Lychnis silvestris, L. Flos-cuculi, Anemone pratensis?, Ranunculus aconitifolius, Lamium maculatum, Galeopsis Tetrahit, Scrophularia nodosa, Sisymbrium Irio, Malva alcea, Trifolium striatum, Scorzonera humilis, Carduus tuberosus ?, C. eriophorus, Eupatorium cannabinum, Inula dysenterica, Senecio erucæfolius, Orchis bifolia, O. Morio, O. mascula, O. laxiflora, Humulus Lupulus.

Étangs de Pierreux et de la Chaize : Hippuris vulgaris, Cyperus longus, C. flavescens, C. esculentus?, Scirpus palustris, S. mucronatus, S. maritimus, Phalaris arundinacea, Poa aquatica, Arundo phragmites, A. calamagrostis, Potamogeton, Triglochin palustre, Elatine Hydropiper, E. Alsinastrum, Rumex, Trifolium subterraneum, Sonchus palustris, Carduus palustris, Chara flexilis, Ch. hispida, Typha latifolia, T. angustifolia, Sagittaria sagittæfolia, Pilularia globulifera.

Prairies de Bourdelans : Gratiola officinalis, Utricularia vulgaris, Schœnus Mariscus, S. mucronatus ?, Cyperus longus, C. esculentus ?, Scirpus palustris, Sc. mucronatus, Arundo phragmites, Sanguisorba officinalis, Potamogeton, Menyanthes nymphoides, Hydrocotyle vulgaris, Selinum palustre, Sium latifolium, S. angustifolium, S. nodiflorum, Œnanthe fistulosa, Œ. crocata, Œ. pimpinelloides, Phellandrium aquaticum, Cicuta virosa, Apium graveolens, Allium ursinum, Juncus filiformis, Triglochin palustre, Rumex, Elatine Hydropiper, E. Alsinastrum, Butomus umbellatus, Cerastium aquaticum, Potentilla anserina, Nymphæa lutea, Thalictrum flavum, Ranunculus Lingua, Teucrium scordium, Althæa officinalis, Bidens tripartita, Gnaphalium luteo-album, Senecio paludosus, Sagittaria sagittæfolia, Myriophyllum spicatum, M. verticillatum, Hydrocharis Morsus-ranæ.

Il serait facile de dresser, avec les indications contenues dans notre Enumération, d'autres listes analogues pour les localités de Saint-Lager, Régnié, Cercié, Odenas, Briante, Saint-Ennemond, Lantignié, env. de Villefranche, etc. ; nous laissons ce soin aux lecteurs pour ne pas allonger démesurément ce mémoire.

B. *Plantes plus ou moins rares, indiquées par V.aivolet et dont la flore de Cariot ne donne pas de localités beaujolaises.*

*Ranunculus hederaceus (1).
Cardamine amara.
Parnassia palustris.
Drosera longifolia.
Stellaria glauca.
St. uliginosa.
Hypericum quadrangulum.
H. hirsutum.
Acer Pseudoplatanus.
*Trifolium alpestre.
T. rubens.
T. aureum (St-L.).
Vicia monanthos.
Lathyrus Nissolia.
Comarum palustre.
Potentilla micrantha.
Alchemilla vulgaris.
Mespilus germanica.
Epilobium lanceolatum.
E. palustre.
Lythrum hyssopifolium.
Montia fontana.
Umbilicus pendulinus.
Torilis nodosa.
Tordylium maximum.
Œnanthe Phellandrium.
Cicuta virosa.
Helosciadium inundatum.
Bunium Bulbocastanum.
Hydrocotyle vulgaris.
Cirsium oleraceum
Carlina acaulis.
Sonchus palustris.
Lactuca saligna.
L. muralis.

Scorzonera plantaginea (St L.).
Podospermum laciniatum.
Hypochœris glabra.
Campanula persicifolia.
*Monotropa hypopitys.
Anagallis tenella.
Digitalis purpurascens.
Veronica scutellata.
V. verna.
V. acinifolia.
Littorella lacustris.
Daphne Mezereum.
Asarum europæum ?
Euphorbia falcata.
Narcissus poeticus.
Ophrys fucifera.
O. muscifera.
Epipactis Nidus-avis.
E. lancifolia
Hydrocharis Morsus-ranæ.
Alisma ranunculoides.
Triglochin palustre.
Schœnus Mariscus.
Cyperus longus.
Danthonia decumbens.
Equisetum silvaticum.
Phleum Bœhmeri.
Aspidium Lonchitis.
A. aculeatum.
Polystichum Thelipteris.
P. spinulosum.
P. dilatatum.
Cystopteris fragilis.
Pilularia globulifera.
Lycopodium clavatum. (2)

---

(1) Les espèces précédées d'un astérisque sont déjà indiquées par Cariot, mais dans une région restreinte du Beaujolais, la partie méridionale, par exemple.

(2) Notre *Énumération des plantes du Beaujolais* contient encore d'autres indications beaujolaises nouvelles à ajouter aux flores locales et dues à des observateurs postérieurs ; telles sont : *Thesium alpinum, Euphorbia palustris, Scilla autumnalis, Gladiolus segetum, Orchis incarnata, Neottia œstivalis, Melica glauca,* etc.

§ III. — **Herborisations de Vaivolet hors du Beaujolais.**

Ainsi qu'on l'a vu dans l'introduction, Vaivolet a fait plusieurs excursions dans la partie méridionale de la vallée du Rhône et dans les Alpes du Dauphiné. On en trouve de nombreuses traces dans les notes manuscrites de l'*Histoire des plantes;* celles du *Chloris* mentionnent seulement et quelquefois les environs de Tournon et de Tain (1). D'autre part, d'après ces annotations, Vaivolet aurait peu herborisé en Bourgogne (qu'il n'a probablement fait que traverser lors de ses voyages à Paris) et pas du tout dans la Bresse et le Bugey.

On ne trouve, en effet, pour la Bourgogne, que les notes suivantes :

« P. 160 : *Rosa burgondica*, cueillie par moi dans une bruyère de Bourgogne, entre Larochepot et Ivry ;

P. 168 : *Chelidonium glaucium*, je l'ai vu dans les champs en Bourgogne ;

P. 251 : *Ononis natrix*, très commun à Chagny en Bourgogne. »

Quant au Bugey, non-seulement Vaivolet ne le cite jamais, mais les plantes si caractéristiques de cette contrée telles que *Erinus alpinus, Laserpitium siler, L. latifolium, Convallaria verticillata*, etc., ne sont indiquées par lui que dans les Alpes du Dauphiné, ou au Pilat.

Voici les principales notes qui concernent les environs de Lyon, le Pilat, la vallée [du Rhône et les Alpes du Dauphiné.

Mont-d'Or : *Thesium humifusum; Scrofularia canina* (à Limonest).

Environs de Lyon : *Scrophularia canina*, aux Massues, à Ainay ; — *Fumaria parviflora* Willd. : « n'est-elle pas dans le chemin circulaire de votre pépinière? je l'y ai cueillie; II, 248 » (2); — *Orchis papilionacea*, au coteau de la Pape : « je devais le reconnaître en allant voir mon très cher ami Baroud que je regretterai toujours ! II, 333 » (3); — *Adiantum*

---

(1) *Cercis siliquastrum, Prunus Mahaleb, Mespilus Amelanchier*, etc.

(2) Dans ses *Promenades botaniques* manuscrites et inédites, Mme Cl. Lortet écrit avoir récolté à la Carette, dans la propriété Gilibert, un *Fumaria* « que M. Vaivolet dit être le *parviflora* de Willd. »

(3) C'est à Barou, châtelain du Soleil (1742-1793), qu'on attribue la découverte de l'*Orchis papilionacea*, à la Pape; voy. GILIBERT, *Hist. pl. Eur.*, 2e édit, t. II, p. xj ; MAGNIN, *Végét. du Lyonn.* p. 10.

Capillus-Veneris : « je l'ai cueillie moi-même à Fontannières ; II, 398 » (1).

Vallée du Rhône au-dessous de Lyon : *Cistus guttatus, Gnaphalium Stœchas,* à Millery ; II, 169, 304 ; — *Convolvulus cantabrica, Saponaria ocymoides,* à Condrieu, II, 54, 132 ; — *Cactus Opuntia,* à Saint-Vallier, « spontané sur un rocher appelé Calvaire, au milieu des vignes, à un quart de lieue de St-Vallier, et même dans les rochers du voisinage, II, 150 ; »

Environs de Tournon : Salvia officinalis minor, S. Sclarea, Valeriana calcitrapa, Gladiolus communis, Melica ciliata, Scabiosa Gramuntia, Chenopodium Botrys, Bupleurum odontites, Chlora perfoliata, Saxifraga hypnoides, Gypsophila repens, G. saxifraga, Saponaria ocymoides, Silene conica, S. armeria, S. saxifraga, Cotyledon umbilicus, Prunus Mahaleb, Amelanchier vulgaris, Cistus salviæfolius, C. umbellatus, C. Fumana, C. canus, C. œlandicus, C. guttatus, C. pilosus, C. hirtus, C. polifolius, Teucrium montanum, Clypeola Jonthlaspi, Lepidium nudicaule, Biscutella auriculata, B. apula, Spartium purgans (2), Astragalus pilosus, Psoralea bituminosa, Trifolium Cherleri (à Saint–Joseph), Coronilla minima, Hippocrepis comosa, H. multisiliquosa, Medicago falcata, Trigonella monspeliaca, T. Fœnum-græcum, T. corniculata, Cicer arietinum, Cytisus hirsutus, C. supinus, Carlina lanata, Carthamus lanatus, Anthemis valentina, Achillea tomentosa, Centaurea pectinata, C. conifera, C. aspera, Micropus erectus, M. supinus, Quercus Ilex, Polipodium vulgare majus, P. fragile, P. fontanum (3).

Relevons particulièrement les plantes suivantes indiquées vers le **Pont de César** :

α P. 134 : *Silene armeria,* très beau sur le rocher au midi du Pont-de-César, à Tournon ; — *S. saxifraga,* commun sur les mêmes roche et pont ;

P. 260 : *Trifolium lappaceum,* très commun proche le Pont-de-César, à demi-lieue de Tournon ;

P. 373 : *Pistacia Terebinthus,* commun à Tournon, sur la montagne du Pied-de-Bœuf, au matin du Pont-de-César ;

---

(1) C'est encore dans les grottes du quai des Étroits qu'on observe aujourd'hui l'*Adiantum.*

(2) « Couvre la montagne au soir de Tournon ; remarquable par son odeur de vanille, II, 259. »

(3) « Je n'ai trouvé le vrai *P. fontanum* qu'à Tournon, II, 394 ; » c'est l'*Asplenium Halleri* DC. ou une variété de cette plante.

P. 393 : *Acrostichum Marantœ*, en soir et à demi-lieue de Tournon, sur le rocher du Pied-de-Bœuf, en matin de l'ancien Pont-de-César, sur la Doux, torrent. Sur le même rocher se trouvent les *Silene Saxifraga, Armeria, Pistacia Terebinthus, Echinops Ritro*, etc. » Le *Notochlœna Marantœ* est déjà indiqué aux environs de Tournon dans les Annotations du *Chloris*, p. 31.

Environs de Tain, l'Hermitage, etc. : Stipa pennata, Scabiosa gramuntia (avec l'*ochroleuca*), Campanula Erinus, Carthamus lanatus, Cercis siliquastrum (1), Anemone Pulsatilla, Osyris alba, Celtis australis. — Et entre Tain et le Mouchet : Salvia officinalis minor, Antirrhinum bipunctatum, Astragalus pilosus, Anthemis tinctoria (2).

Valence, Romans, etc. : Ononis minutissima, Ammi majus, A. glaucifolium, II, 76, 251.

Mont Pilat : Valeriana tripteris, V. elongata, Alchemilla alpina, Thesium alpinum, Gentiana lutea, G. campestris, Meum Athamanticum, Myrrhis odorata, Chærophyllum hirsutum, Leucoium vernum, Narcissus Pseudonarcissus, Lilium Martagon, Convallaria verticillata, C. bifolia, Vaccinium Vitis-idæa (Cret de la Perdrix), Polygonum Bistorta, Geum rivale, Aconitum Lycoctonum, A. Napellus (3), Pedicularis ? (4), Cardamine amara (5), Spartium purgans (environs d'Annonay), Genista anglica, Trifolium spadiceum, Scorzonera caricifolia (6), Sonchus alpinus (7), Arnica montana, Doronicum austriacum (8), Mercurialis perennis, etc.

---

(1) « Spontané à Theins, et dans le bois de Saint-Joseph, vis-à-vis ; trouvé dans le même lieu par Dalechamps, II, 126. » Déjà dans I, 11 : « à Tournon et à Tain. »

(2) « Commun aux Mouchets, à Thin ; oublié par Villart dans sa flore delphinale, II, 318. »

(3) « *A. Napellus*, cueilli au Pilat, où il est abondant entre les deux granges. »

« J'ai trouvé au Pilat une troisième espèce et l'ai mal démêlée... Serait-ce le *variegatum ?*... Serait-ce le *camarum ?*... Videant oculatissimi successores, II, 173. »

(4) « Trouvé une espèce au Pilat que j'ai mal démêlée ; je soupçonnerai la *flammea* Linn., II, 215. »

(5) Voyez précédemment p. 60 (tir. à part, p. 24.)

(6) « Ex litterâ Villart, II, 281. »

(7) « 1006 bis. Au Pilat, nonne *Sonchus alpinus* Willdenow, cœruleus, pedunculis *glutinoso-pilosis*, non squamosis ; foliis runcinatis, impari maximo, triangulari.

Toto cœlo differt ab *alpino* Linnœi, qui hodie est *S. lapponicus*.

(Écriture postérieure :) hodiè *S. alpinus* Pers. *Syn*. floribus purpureo cœruleis, bracteatis, racemosis, *impar ! deltoideo* maximo. » II, 287.

On n'a jamais indiqué au Pilat que le *S. Plumieri* L. que Vaivoletne pouvait confondre avec le *S. alpinus*, puisqu'il l'avait découvert dans le Beaujolais ; voy. plus haut, p. 101 (tir. à part, p. 65) et BALBIS, *Fl. lyonn.*, I, 453.

(8) Voy. plus haut p. 100 (tir. à part, p. 64).

Montagnes du Dauphiné : Laserpitium latifolium, L. siler, L. pruthenicum, L. gallicum, Eriophorum vaginatum, E. alpinum, Saxifraga Aizoon, S. Cotyledon, Geum montanum, Dryas octopetala, Aquilegia alpina, Thalictrum alpinum, Anemone alpina, A. apiifolia, A. narcissifolia, Trollius europæus, Pedicularis foliosa, P. incarnata, P. verticillata, P. flammea, P. rostrata, P. tuberosa, P. comosa, Erinus alpinus, Cardamine bellidifolia, C. alpina, C. resedifolia, C. trifolia, Astragalus vesicarius, A. monspessulanus, A. incanus, Hypochœris uniflora, Carlina acanthifolia, Senecio squalidus, Centaurea centaurium, Orchis abortiva, etc.

Notons plus spécialement les localités suivantes :

Mont Touleau : Carum Carvi, Erythronium Dens-canis, Dryas octopetala, Trollius europæus, Anthyllis montana ;

La Moucherolle : *Geum rivale*, abondante au revers de la mont. de la Moucherolle, II, 165 ; *Papaver alpinum*, plante si belle à la Moucherolle et aux Alpes, II, 165 ; *Osmunda Lunaria*, un pré entier au revers de la Moucherolle, II, 392.

Grande-Chartreuse : *Anthericum Liliastrum*, *Pirola minor, P. secunda*; *Potentilla nitida*, cueilli avec danger au Petit-Som (1); *Hypericum nummularium*, à l'entrée de la Grande-Chartreuse ; *Orchis cordata*, avant d'entrer à la Grande-Chartreuse ; *Centaurea alpina*, etc.

Env. de Grenoble : *Inula Vaillantii; Aster annuus*, sur le bord de l'Isère, II, 315 ; *Catananche cœrulea*, de Grenoble à la Grande-Chartreuse, II, 278.

Env. d'Allevard : *Spiræa Aruncus, Carpesium cernuum ; — Centaurea rhapontica (Rhaponticum scariosum* Lamk ?), *Empetrum nigrum*, au Grand-Gleyzin, II, 322, 370.

Les Rousses : *Colchicum montanum*, à La Garde, en montant au Bec des Rousses ; *Geum reptans*, belle plante au sommet du Bec des Rousses ; *Osmunda crispa (Allosurus)*, abondant au Bec des Rousses, II, 392.

Mont-de-Lians : *Centaurea phrygia, C. uniflora; —* « mon tribut d'admiration aux *Ranunculus pyrenæus, R. parnassifolius*, rapporté en si grande abondance par Guérin, Dumarché,

---

(1) A propos du *P. nitida*, Vaivolet ajoute : « *P. splendens* DC.,..... est le prétendu *nitida*, trouvé par MM. de Lyon, dans la plaine du Dauphiné où le vrai *P. nitida* L. n'est jamais descendu. »

Monnier, Villart, Ducassel, Bravai et moi, de Piémeyan, proche le sommet de la montagne de Lians, *Ran. Thora, rutæfolius, glacialis, Seguerii, alpestris* dont la cueillette vint grossir toutes nos collections ; II, 183 ; » — *Dracocephalum Rhuyschiana*, cueilli en montant à Piémeyan et au sommet de Lians, en Dauphiné, II, 203 ; — *Salyrium nigrum*, odoratiss., β. *roseum*, inod., l'une et l'autre au Mont-de-Lians, II, 334.

Nous trouvons encore : *Aconitum Anthora* indiqué à Taillefer (II, 173), — *Vicia silvatica*, dans les bois aux environs de Briançon (II, 256), etc.

ERRATA ET ADDITIONS

Depuis le commencement de l'impression de ce mémoire, des renseignements nouveaux dus aux recherches de M. Belvezet de Ligeac, portant principalement sur la Flore des environs de Thisy, ont été résumées par M. le D^r St-Lager dans le *Bull. de la Soc. bot. de Lyon*, 3 août 1886, p. 93 (= Belv.)

D'autre part, la révision à laquelle nous nous sommes livrés à nouveau des notes manuscrites de Vaivolet et d'autres publications concernant la flore du Beaujolais nous a révélé un certain nombre d'omissions et d'inexactitudes que nous signalons ci-dessous :

P. 20 : Aj. à *Ran. aconitifolius :* bords de la Trambouze et du Rhins Belv. ; — à *R. auricomus :* sources du Rhins Belv. ; — *R. sceleratus :* Vaiv. I, 15 : « Bell. »

P. 21 : Aj. à *Clematis vitalba :* var. voy. Gill. 6 ; — à *Isopyrum :* bords de la Trambouze et du Rhins Belv.

P. 22 : Aj. *Papaver collinum* Bog., plaine de Corcelles, Gill. 5.

P. 23 : Aj. à *Fumaria bulbosa* L., I, 20 : « Bell. » ; — à *F. Halleri* L., I, 20 : « Ajou ; Roche-Tachon ; » — *Corydalis lutea*, à Thizy Belv. ; — à *Turritis glabra*, alluvions de la Saône, env. de Dracé, Gill. 3.

P. 24 : Aj. à *A. sagittata*, plaine beaujolaise, GILL. 4 ; — à *C. impatiens*, rempl. « Bell. » par « Cercié ; » — aj. sources du Rhins BELV.

P. 25 : Aj. à *S. supinum :* cf. en face de Thoissey, GILL. 4.

P. 26 : Après *Roripa amphibia* aj. les alinéas suivants : — *R. pyrenaica* Spach, de Belleville à Romanèche, GILL. 4. — VAIV. I, 18 avait indiqué le *Lunaria redidiva* L. dans « Bell. » ; mais cette station n'est pas maintenue dans II.

P. 27 : *T. Lepidium*, ajoutez avant VAIV. : LA TOURR. *Chl.* 18 : « Bell. ». — à *Lepidium latifolium*, changez « Bell. » en « non Bell. »

P. 28 : Aj. à *Viola palustris :* Fr. MOREL, *S. bot. Lyon*, 1884, pr. verb. p. 80 ; sources du Rhins, BELV.

P. 29 : Aj. à *Parnassia :* Marnand BELV. ; — à *Drosera rotundifolia* : sources du Rhins BELV.

P. 30 : Aj. *Dianthus silvaticus* Hoppe, entre Cours et Mardore BELV. ; — à *L. Githago*, complétez ainsi : *alba*, sommet de Pringins.

P. 33 : à *L. catharticum*, aj. : VAIV. I, 8 : « Bell. »

P. 34 : à *H. Androsœmum*, aj. : LA TOURR. *Chl.* 21 ; près de Thizy BELV.

P. 35 : à *O. acetosella*, aj. Marnand BELV. ; — à *Impatiens :* LA TOURR. *Chl.* 26 ; Marnand BELV. ; La Tourrette, *l. cit.*, mentionne encore la var. β. *abortiva* N. dans les « Bell. M. »

P. 36 : à *Ulex europæus*, aj. : LA TOURR. *Chl.* 20 : « Bell. M. » ; Marnand BELV.

P. 38 : à *T. fragiferum*, aj : LA TOURR. *Chl.* 21 : « Bell. » ; — à *T. subterraneum :* LA TOURR. *Chl.* 21 : « Bell. » ; — à *T. elegans*, St-Jean-d'Ardières, GILL. 4.

P. 39 : à *L. tenuis*, aj. : var. *procumbens* (*L. ramosissimus* O. Rouy), à Corcelles, GILL. 7.

P. 40 : Aj. à *Vicia varia :* St-Jean-d'Ardières, GILL. 4 ; — *Lathyrus latifolius*, Corcelles, GILL. 10.

P. 41 : à *L. heterophyllus*, changez « Bell. » en « Crêt David ; » — aj. à *Orobus tuberosus* et *O. silvaticus :* LA TOURR. *Chl.* 20.

P. 43 : Aj. à *Rubus :* nombreuses formes et localités publiées par M. GANDOGER dans *Mém. de la Soc. d'Émul. du Doubs*, t. VIII (5ᵉ série), 1883, pp. 125-270.

P. 44 : à *Rosa provincialis*, aj. I, 14.

P. 46 : à *Agrimonia eupaloria...* I, 13, aj. : β. *longifolia* « Bell. » — à l'art. *Cratægus*, aj : var. *rubriflora*, haies de la Lime GILL. 7, et les formes décrites par M. Gandoger dans le *Bull. Soc. bot. France*, t. XVIII, 1871, pp. 442-452 ; — à *S. aria*, aj. : LA TOURR. *Chl.* 13.

P. 47 : Aj. à *Epilobium spicatum*, bords de la Trambouze et du Rhins BELV. ; — à *E. palustre :* LA TOURR. *Chl.* 10 ; sources du Rhins BELV. ; — à *Œnothera*, ballast de la voie, GILL. 10.

P. 48 : Aj. à *Trapa*, Marnand BELV. ; — à *L. hyssopifolia*, changez « Bell. » en « Saint-Lager. »

P. 49, p. 50 : aj. Marnand BELV. à *Sedum elegans, S. villosum* et *Umbilicus pendulinus ;* — changez, pour *C. oppositifolium*, « Bell. » en « bois de Courroux » ; — aj. *Saxifraga rotundifolia*, sources du Rhins BELV.

P. 52 : Aj. *Meum athamanticum*, sources du Rhins BELV.

P. 53 : *Œnanthe peucedanifolia*, rectifiez : plaine du Beaujolais septentrional, GILL. 5.

P. 54 : *Pimpinella saxifraga*, aj. à VAIV. I, 8 : « α *major.* Bell. » — *Conium maculatum*, aj. après « Bell. », « Beaujeu, vis-à-vis l'hôpital ; » Corcelles, GILL. 7 ; env. de Thizy BELV.

P. 55 ; Aj. à *Adoxa*, bords de la Trambouze et du Rhins BELV.

P. 56 : Aj. à *Crucianella*, Marnand BELV. ; — à *Galium rotundifolium*, sources du Rhins BELV.

P. 57 : Aj. à *Valer. olitoria*, GILL. 8.

P. 58 : Aj. à *Scab. silvatica*, sources du Rhins BELV. ; — *Cirsium rivulare* Link, sources du Rhins BELV.

P. 59 : *Cent. jacea*, var. *bicolor*, GILL. 5 ; — Aj. à *C. alba*, VAIV. I, 25 : « Bell. »

P. 60 : Aj. à *Cent. microptilon*, entre Villié et Beaujeu, entre Villefranche et Montmelas GROGN.

P. 61 : Aj. à *Gnaph. diœcum*, LATOURR. *Chl.* 23.

P. 62 : Aj. à *Artem. campestris*, plateau d'Oncin ! — à *Erig. canadensis*, ballast de la voie GILL. ; — aux Asters subspontanés, l'*A. saligna* près de Thizy BELV.

P. 63 : Aj. à *Senecio adonidifolius*, Cergues BELV. et autres localités du versant de la Loire ! — à *S. Fuchsii*, Marnand BELV.

P. 64 : Aj. à *Inula Brittanica*, LA TOURR. *Chl.* 24.

P. 65 : Aj. à *I. Helenium*, LA TOURR. *Chl.* 24 ; — à *M. Chamomilla*, LA TOURR. *Chl.* 25.

P. 69 : Aj. à *Jasione perennis*, LA TOURR. *Chl.* 25.

P. 70 : Aj. à *Vaccinium*, sources du Rhins BELV.

P. 71 : Aj. à *Primula grandiflora*, env. de Thizy BELV.

P. 72 : Aj. à *Lysim. nemorum*, Marnand BELV.

P. 77 : Aj. à *Digit. grandiflora*, Marnand BELV. — *Scroph. vernalis*, à Thizy BELV.

P. 78 : Aj. à *Linaria cymbalaria*, VAIV. I, 17 : « Bell. »

P. 79 : Rectifiez pour les *Rhinanthus*, VAIV. I, 17 : « *Rh. cristagalli*, β angustifolia, γ *hirsuta* ; » — Aj. sources du Rhins BELV, à *Pedic. silvatica*, *P. palustris*, et *Veron. scutellata*.

P. 81 : Aj. à *Calam. grandiflora*, VAIV. I, 17 : « Bell. » ; — à *Nepeta cataria*, VAIV. I, 16 : « Bell. »

P. 83 : Aj. à *Betonica off.* : VAIV. I, 16 : « β *alba*, au Brulé. »

P. 84 : Aj, à *Ajuga genevensis*, VAIV. I, 16 : « ? Bell. » — à *Teucrium Chamœdrys*, VAIV. I, 16 : « β *minor*, Bell. »

P. 87 : Aj. à *Daphne Laureola*, four à chaux près Thizy BELV.

P. 88 : Aj, à *Buxus*, LA TOURR. *Chl.* 28.

P. 95 : Aj. à *Orchis viridis*, Marnand BELV. ; — *O. albida* Scop., entre Thizy et la Grêle BELV.

P. 107 : Aj. *Osmunda regalis*, Goutte du Pont près de Thizy BELV. (voy. *Soc. bot. Lyon*, 8 juin 1886, pr. verb., p. 54).

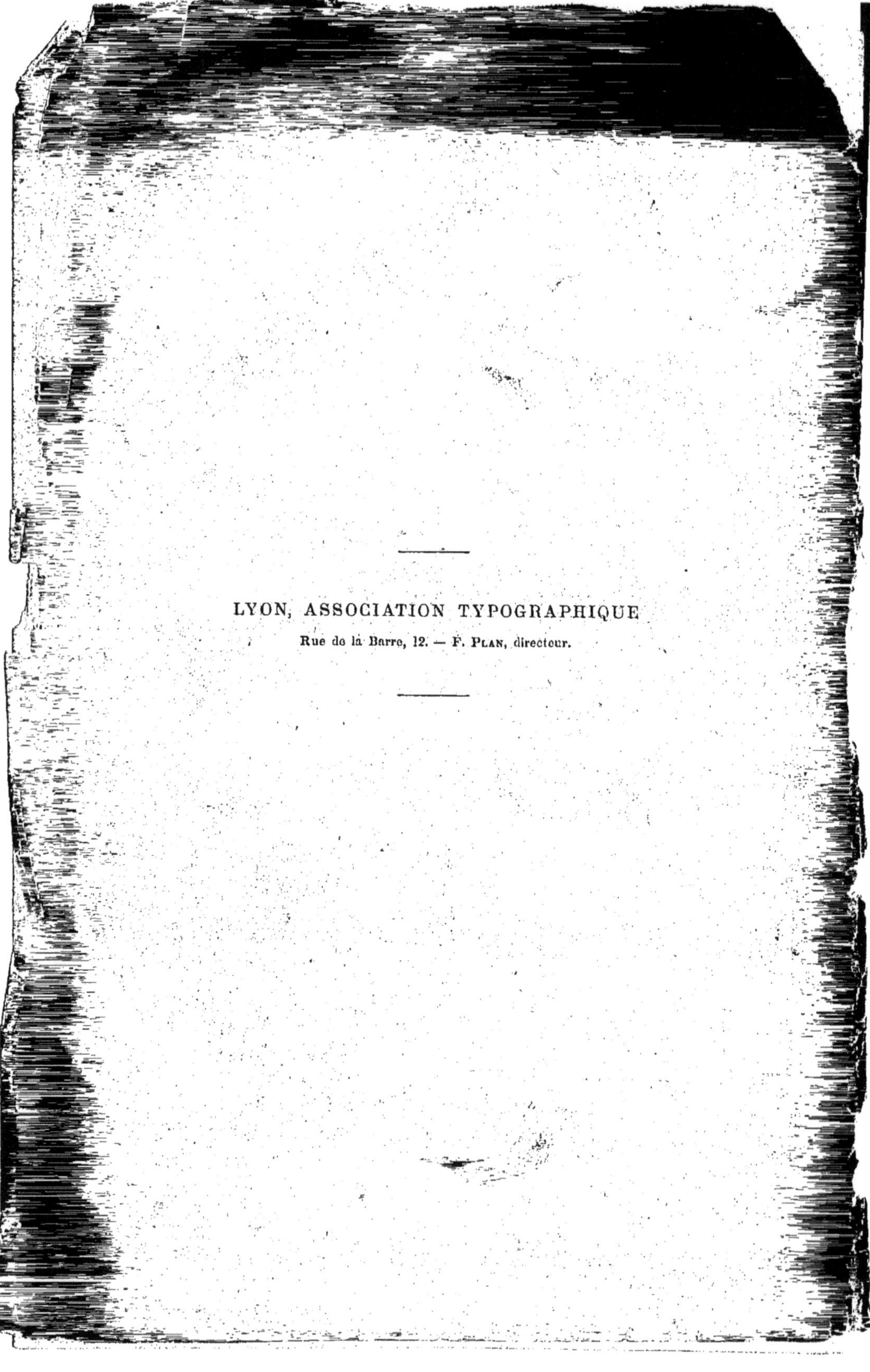

LYON, ASSOCIATION TYPOGRAPHIQUE

Rue de la Barre, 12. — F. Plan, directeur.